量子力学の哲学

非実在性・非局所性・粒子と波の二重性

森田邦久

講談社現代新書

2122

はじめに

私たち自身や私たちの身の回りにあるものから月や太陽といったものまで、すべてのものは、直接には目にも見えず触れることもできない原子からできている。原子の大きさをあらわすときオングストローム（Å）という単位を使うが、一オングストロームは１cmの一億分の一であるから、いかに原子が小さいかがわかるだろう。そして、その原子もまた、より小さな陽子や中性子、電子から成り立っていて、さらにはその陽子や中性子ももっと小さなクォークから成り立っている。いまのところ一般に科学者たちに受け入れられているもっとも小さな物質はクォークまでだが、さらに超ひもという物質があるとも言われている。こうしたミクロな世界を記述する理論が量子力学である。一方で、私たちが日常的に見たり触れたりできるようなマクロな世界を記述する力学を古典力学という。

古典力学は私たちが見たり触れたりする日常的な世界を記述する理論であるから、それが私たちの日常生活にも役立つというのは、なるほどそうかなと思う。しかし、見ることも触れることもできない小さな小さな領域を扱う量子力学なんて私たちの生活に関係あるのだろうか、そういぶかる読者もいるだろう。だが、私たちが日常的に目にする現象でも、量子力学の誕生によってはじめて説明できるようになったものが結構ある。たとえば、以前は、なぜガラスが透明なのか、なぜ金属は電気を通すのか、そういったことすらわかっていなかったが、それらは量子力学の登場によりみごとに説明された。

また、私たちの生活には欠かせないパソコンや携帯電話、テレビなど多くの電化製品も量子力学を応用して生み出されたものである。さらに、将来的には、量子コンピュータ（従来のパソコンとは比較にならないくらい高速度で計算ができる）や量子暗号（絶対に破られない暗号と言われている）といった根本的に新しい技術が実用化されるかもしれない。量子力学によって現代社会は支えられているといっても過言ではないのである。

さらに、日常的な生活から離れた場合にも量子力学は私たちにロマンを与えてくれる。相対性理論が宇宙論と強い結びつきがあるのをご存じの読者も多いだろう。しかし、相対性理論だけでは宇宙のすべてを説明できない。たとえば、どのようにして宇宙がなにもない状態（すなわち「無」）から誕生したのかを答えることができない。言ってみれば「宇宙の始まりは神様に任せます。物理（人間）が説明できるのはその後の出来事だけです」という状態であった。ところが、相対性理論と量子力学を結びつけることによって「無からの誕生」が説明できるかもしれないと「車椅子の天才」として知られるスティーヴン・ホーキングらは主張している。

だが、このように、多くの応用がなされ、成功を収めているにもかかわらず、量子力学が記述するミクロ世界の「真の姿」を理解するのはとても難しい。朝永振一郎とともにノーベル物理学賞を受賞したリチャード・ファインマンをして「だれも量子力学を理解していないと言って差し支えない」と言わしめたほどである。

しかし、冒頭で述べたように、私たち自身を含めたこの世界のすべてが量子力学が扱うミクロな物質から成り立っていることを考えると、ミクロ世界の「真の姿」を理解することは、私たちが日常的に生活しているこの世界を、ひいては私たち自身を理解することにもつながるであろう。

本書の目的は、量子力学が私たちに示す世界像についてこれまで提案されてきたさまざまな哲学的議論を解説することである。

古典力学と量子力学の大きな違いは、未来が一意的に予測できるかできないかにある。ここで「一意的に」というのは「ただひとつの値に」「確率的にではなく」といったような意味である。古典力学を用いると、サイコロやパチンコ玉などマクロな物質のある時刻での状態（質量・位置・速さなど）が完全に正確にわかれば、原理的には、その後、どのような運動をするかが予測できる。「え？　でも、サイコロを振ってどの目が出るかは予想できないやん」と思うかもしれないが、いま言っているのは「原理的な話」である。現実的には困難なだけで、サイコロも、投げた瞬間の（サイコロが転がる台の状態なども含めた）あらゆる情報がわかればどの目が出るかは一意的に予測できる。それゆえ、原理的には「どんな目でも自由に出せるロボット」が将来できても不思議ではない。

ところが、量子力学によると、原子や分子のようなミクロな物質は、ある時刻での状態が完全に正確にわかったとしても、その後の運動は確率的にしか予測できない。それは、たとえば計算が複雑すぎてできないなどといった理由で「現実的にいって」できないという意味ではなく「原理的に」できないのだ。つまり、ミクロな物質は、はじめの状態がどれだけ正確にわかっていてもどんなにすごい計算技術を使っても、その後は、観測する瞬間までどこにあるのか予測することができない。

そこから、ミクロな物質はわれわれが観測していないときには存在しないのではないか、もしくは、それらの状態をあらわす値（これを「物理量」という——たとえば、速さや質量、位置など）は存在しないのではないかという考えが生まれる。なぜなら、観測するまでどこにあるのかとか、どのような速さで動いているのかとかそういった情報が原理的にわからないのなら、それは存在しないも同じだからだ。すると、ミクロな物質から成り立っているマクロな物質も、だれも観測していなければ実在しないということにならないだろうか。かのアルベルト・アインシュタインも、量子力学のこのような側面を受け入れられずに「私たちが見ていないときには月が存在しないというのか」と語ったという。

さらに、観測するまで物理量が確定しないということから、たがいに遠く離れた複数のミクロな物質どうしが一瞬で影響をおよぼしあうことがあるのではないかという考えも生まれる。この「たがいに遠く離れたものどうしが一瞬で影響をおよぼしあう」ことを「非局所相関」という。だが、もし非局所相関があることを認めるならば、さまざまな実験によって十分によく検証されている相対性理論に反するように思える。なぜなら、相対性理論は光より速い速度で伝わるものはないと主張しているからだ。なぜ、観測していないときには存在しないならば、非局所相関があるということになるのかは本文でおいおい述べていく。

さてしかし、右に述べたような、ミクロ世界の非実在性や非局所相関というのは、量子力学を「解釈」して生まれた考えかたである（これらの考えかたを認める解釈を「標準的な解釈」と呼ぶ——多くの物理学者たちが受け入れているとされる解釈だからだ）。だが、量子力学にはそれ以外の解釈もある。本書では、量子力学のさまざまな解釈を紹介していく。これらはいずれも「解釈」であるから、量子力学が経験的に正しいこと（実験事実をうまく予測したり説明したりすること）を認める。つまり、実験的に確かめることができるものについては、どの解釈も一致しているのだ。それゆえ、どの解釈が正しいのかを実験的に確かめることは、いまのところできない。だから、これは「科学」ではなく「哲学」なのである。ただし、どんな解釈でも自由にしてよいわけではなく、四章で述べるように、定理によって「許される解釈」が制限されている（このような定理は、提案された解釈が妥当なものかどうかのいわば「試金石」となる）。

標準的な解釈が認める非実在性や非局所相関は、すでに述べたようにいずれも私たちの常識から外れている。それらを認めると、私たちが見ていないときには月が存在しないことになったり、遠く離れたものへ一瞬で影響を与えたりできることになったりするからだ。それゆえ、世界は観測していないときも実在しているとか局所的だとかと信じる人たちは、標準的な解釈とは異なる解釈を提唱したり支持したりする。

ただ、反対しようのない実験事実にすでに非常識なものがあるから（ミクロ世界の不思議な実験事実についても本書でおいおい説明していく）、実在性や局所性を守ろうとしてどのように解釈しても、どこかで私たちの常識から外れてしまう部分が出てくる。

たとえば五章で紹介する「多世界解釈」では、実在性も局所性も守られる（と主張されることがある）が、たがいに干渉しない多くの並行世界が存在するというＳＦ的な世界観が提示される。また、別の解釈では、いまの状態を決めているのは、過去の状態だけではなく、未来の状態でもあるとすることによって、実在性と局所性を守ろうとする。さらに、なにが実在するかは、なにを測定しようとするかによって変わるという解釈もある。また、私たちは共通の一つの精神（普遍的精神）を共有しているのだという解釈すらある。

量子力学と並ぶ現代物理学の二本柱とされる相対性理論を作り上げ、量子力学の初期の発展にも寄与したアインシュタインも、量子力学の経験的な正しさは認めていたものの、標準的な解釈には反対していた。かれは、量子力学は不完全で、より完全な理論が見つかれば、実在性が守られると考えた。これも本文で説明するが、アインシュタインの考えたような意味での「完全な理論」は存在しないことが証明されている。しかし、別の形で量子力学は不完全であることを示し、より完全で世界の実在性を守るような理論を探す試みはいまでも続けられている。

それでは、常識はずれで不思議なミクロ世界を楽しんでいただきたい。

目次

第一章　量子力学は完全なのか
——量子力学のなにが不思議なのか1

量子力学にこれまでまったく触れたことのない読者にとって、量子力学の哲学を学ぶためのはじめの難関は、「そもそも量子力学のなにが不思議なのかがわからない」という点にあるだろう。

たとえば、量子力学と並んで現代物理学の二本柱といわれる相対性理論の場合なら、観測者によって時間の進みかたが変わるとか、どのような速さで移動している観測者から見ても光の速さは一定であるとか、相対性理論を用いてタイムマシンがつくれるとか、聞いてすぐに「不思議だなあ」とか「すごいなあ」などと思える現象がある。相対性理論が一般読者にも人気のあるゆえんであろう。

ところが、これが量子力学になるとどうだろうか。量子力学の場合も、状態の収縮だの、粒子と波の二重性だのという「謎」はありあまるほどあるわけだが、こういわれて、なにがどう不思議なのかピンとくる初学者はまずいないだろう。これらの謎は、量子力学をある程度は学んでからでないとなにが不思議なのかすら理解できない。しかし、量子力学の謎は量子力学を学べば学ぶほど深まっていく「スルメ」のように味わい深いものである。

そこで、一章と二章では、まず、「そもそも量子力学のなにが不思議なのか」についてじっくり説明をしよう。すでに量子力学についてある程度の知識がある読者は一章と二章を飛ばして三章に進んでも差し支えない。

量子的スクラッチカード

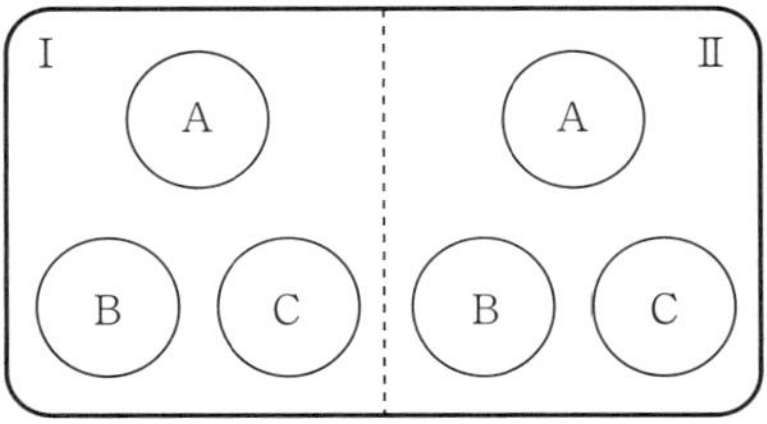

図1−1：量子的スクラッチカード。ⅠとⅡの同じ記号を削ると必ず異なる色が出る。たとえば、ⅠのAを削って「白」が出たならばⅡのAを削ると必ず「黒」が出る

まずは量子力学によると、ミクロな物質が存在していると言えなくなるということ、そして遠く離れたものに一瞬で影響を与えることができること、そしてそのような主張の根拠となる量子力学の予測がじっさいに実験で確かめられていること、について話をする。そのために、図1−1で示したような「量子的スクラッチカード」を用意しよう。

このスクラッチカードはⅠとⅡの二つの部分からなっていて、点線部分で分けることができる。ⅠとⅡには、それぞれA、B、Cの三ヵ所ずつ削る部分がある。そし

て、同じ記号のスクラッチ部分を削ったとき、

Iが「白」ならばⅡは「黒」
Iが「黒」ならばⅡは「白」

という規則がある。黒と白が出る確率はそれぞれ五〇%である。

いま、このスクラッチカードを図の点線部分で切り取って、IとⅡの二つの部分に分けてしまい、Iを太郎が、Ⅱを花子がもって、たがいに十分に遠く離れよう。たとえば、太郎は東京で花子はロンドンに行くとする。

そして、太郎がAの部分を削って「白」が出たとする。すると、太郎は、その瞬間に、「花子がⅡのAを削ると黒が出る」ということがわかる。これは不思議なことだろうか？ ふつうに考えると、ここには何の不思議もない。たんに太郎がその瞬間にⅡのAを削った結果を推論できるだけで、「太郎がIのAを削った」という行為が瞬間的にロンドンの花子がもつⅡのカードに影響を与えたというわけではないからだ。

たとえば、一郎と二郎はいつも一方が赤いシャツ、もう一方が青いシャツをきて外出するという規則があるとしよう。どちらがどちらを着るかは完全にランダムであるとする。

今、一郎と二郎が外出をして、一郎は東京に二郎は大阪に行ったとしよう。もし、私がこの規則を知ったうえで東京で一郎に出会い、一郎が赤いシャツを着ているのを確認すれば、私は大阪の二郎を見るまでもなく、二郎が青いシャツを着ているということがわかるだろう。あきらかにここには何の謎もない。私が一郎のシャツの色を確認しようがしまいが、二郎は家を出るときからずっと青いシャツを着ていたはずだからだ。スクラッチカードの場合もそれと同じで、太郎のカードの色がわかった瞬間に、花子がもつカードの色がわかるのはまったくおかしなことではないのではないだろうか？

しかし、ここで、

この量子的スクラッチカードは特殊なカードで、スクラッチ部分を削るまでは色は決定していない

という説を三郎が唱えたとしよう。つまり、ふつうに考えると、まだスクラッチ部分を削っていなくとも私たちが知らないだけで、黒か白かはもう決まっているはずなのだが、三郎はそうではないと言っているのだ。さきのシャツの例で言うと、一郎や二郎のシャツはだれかに見られるまで何色か決まっていないと言っているのと同じである（注1）。そんな

アホなと思うかもしれないが、シャツと違ってスクラッチカードの場合、削らない限り私たちにはそこに隠されている色を知りようがないのだから（つまり、削る前から色があるのかないのかを知りようがないのだから）、この三郎の説に簡単には反論できない。ただ、一般的な常識とちがうし、そもそもそれがどういう状態なのか想像できないというだけである。

さて、もし三郎の説が正しいならばここで謎が生じる。その謎とは、

東京にいる太郎がⅠのAを削った瞬間にⅠのAの色が決定し、同時に、ロンドンにある花子がもつⅡのAの色も決定してしまう

ということだ。つまり、東京にいる太郎の行為が、花子がもつロンドンのスクラッチカードの色に瞬間的に影響を与えてしまうのだ。なぜなら、たとえば太郎がⅠのカードのAを削って「白」とわかれば花子のもつカードのAは「黒」だとわかるわけだから、花子のカードのAに隠された色もその瞬間に決定されたことになるからだ。

このように、ある出来事が空間的に十分に離れた別の出来事に瞬間的に影響を与えることを「非局所相関」という。アインシュタインの作り上げた相対性理論によると、なにものも光の速さを超えては伝わることはない（注2）。それゆえ、三郎の説が正しいとする

と、（太郎の行為が光速を超えた速さでロンドンのスクラッチカードに影響を与えるのだから）「量子的スクラッチカード」は、相対性理論に反することになってしまう！

だったら、三郎の説なんて真面目に考えないで、スクラッチカードの色ははじめから決定していたと考えればええやん、という話である。ところが、以下で説明するように、実験によって、三郎の説が正しいということが証明されてしまったのである（注3）。

色ははじめから決まっていたか？

以下、すこし面倒な議論になるが、本書全体を通して大事な議論なので、じっくり読んで理解してほしい。

もし、はじめからカードの色（白か黒か）が決定しているのならば、A、B、Cそれぞれに隠れている色の組み合わせは八通りあり、表1のようになる（同じ記号を削ったときはⅠとⅡで必ず異なる結果になることを思い出そう）。表の意味するところは、たとえばパターン1なら、ⅠのA、B、Cはすべてが白で、ⅡのA、B、Cはすべて黒であるということである。

いま太郎（Ⅰ）と花子（Ⅱ）はそれぞれ別のスクラッチ部分を削るとしよう。つまり、太郎がAを削るならば、花子はBかCかどちらかを、太郎がBを削るならば、花子はAかC

パターン	Ｉ（Ａ、Ｂ、Ｃ）	Ⅱ（Ａ、Ｂ、Ｃ）
1	（白、白、白）	（黒、黒、黒）
2	（黒、白、白）	（白、黒、黒）
3	（白、黒、白）	（黒、白、黒）
4	（白、白、黒）	（黒、黒、白）
5	（黒、黒、白）	（白、白、黒）
6	（黒、白、黒）	（白、黒、白）
7	（白、黒、黒）	（黒、白、白）
8	（黒、黒、黒）	（白、白、白）

表１：考えられるスクラッチゲームの組み合わせ

のどちらかを……ということである。このスクラッチゲームを何度も何度も繰り返した場合、太郎と花子の色が異なる確率はどうなるだろうか。

もし、スクラッチの組み合わせが、１と８のパターンしかないならば、どの異なる組のスクラッチを削っても、必ず太郎と花子の「色」は異なる。つまり、結果が異なる確率は一〇〇％であり、これが太郎と花子で結果が異なる確率の最大である。

では、最小は何％だろうか。たとえばパターン２を見てみよう。太郎と花子で異なる箇所を削る組み合わせは六通りある。そのうち、ＡとＢ（ＢとＡ）、ＡとＣ（ＣとＡ）という組み合わせならば同じ結果になるが、ＢとＣ（ＣとＢ）という組み合わせならば異なる結果になるから、太郎と花子で結果が異なる確率は三分の一、つまりおよそ三三％である。これはパターン3〜7でも変わらない。たとえば、パターン3なら六通りの組み合わせのうち、AとB（BとA）、BとC（CとB）という組み合わせならば同じ結果になるが、AとC（CとA）という組み合わせならば異なる結果になるから、やはりおよそ三三％で異なる結果になる。つまり、太郎と花子で結果が異なる最小の確率はおよそ三三％ということになる。

以上の議論は理解できただろうか。繰り返すが、ここは大事なところなので、面倒でもきちんと理解してほしい。

さて、ここからなにが結論づけられるか。すなわち、もし、スクラッチカードの色があらかじめ決まっているならば、太郎と花子が異なるスクラッチ部分を削るゲームを何度も繰り返したとき、

二人の結果が異なる確率はどんなに小さくても三三％以下にはけっしてならない

ということである。言いかたを変えると、三三％以下になることがあったら、それは「スクラッチカードの色はあらかじめ決まっていなかった」ということを意味するのである。

そして、

量子力学を使ってこの確率を計算すると、三三％以下になることがある。

つまり、量子力学はスクラッチカードの色はあらかじめ決まっていないと言っているわけだ（もちろん量子的スクラッチカードなどというものは存在しないので、じっさいはすぐ後で説明するように電子や光などの性質を使って計算する）。だが、それは量子力学によるとそうなるというだけで、本当にそうなるかどうかはまだわからない（つまり、たんに量子力学がまちがっているだけかもしれない）。じっさいに実験を行うとどうなるのだろうか？　じつは、

実験でも、量子力学が三三％以下になると予測するその場合には予測通りに三三％以下になる

のである。

この「もし色が削る前から決まっているならば、異なるスクラッチを削ったときに異なる色になる確率は三三％以下にならない」ということを式であらわしたものを「ベルの不等式」と言う（注4）。この言葉を使って言うと、「じっさいの実験結果はベルの不等式が

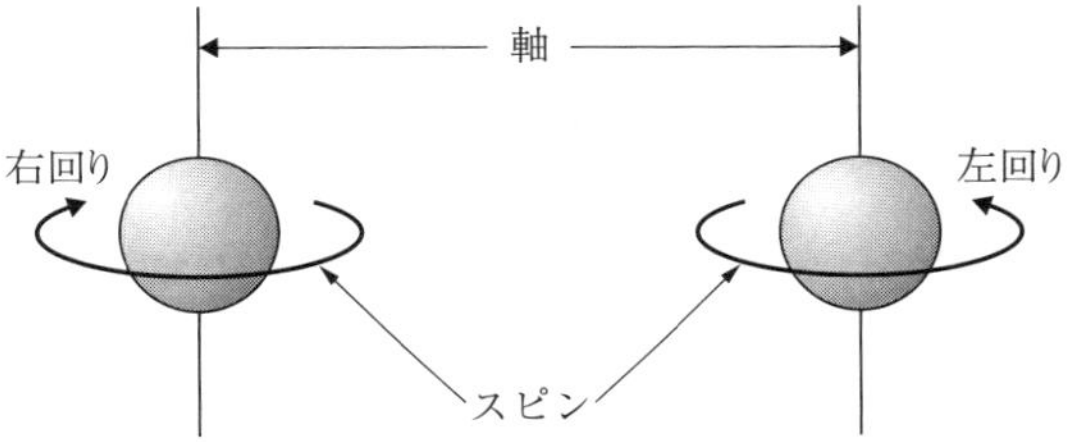

図1－2：電子のスピンは右回りと左回りがある

破れていることを示した」ということになる。

電子を使って考えてみよう

もちろん、じっさいの実験と言っても、ここで使ったような「量子的スクラッチカード」は存在しないから、ほかのものを用いて行う。具体的には光を用いるのだが、ここでは、イメージしやすい電子で説明しよう。

あくまで直感的なイメージであるが、電子は、ある「軸」を中心に回転（スピン）していると思ってよい（図1－2）。そして、軸を中心にして（図の上から見て）「右回り」と「左回り」の二つの「スピン」の値をとる。回る速さは考えなくてよい。スピンを測定するときは、（電子はなんらかの軸を中心に回っているわけだから）どの「軸」について測定しているかを指定してやらなければならない。

いま二つの電子ⅠとⅡがある。これらは、同じ軸についてⅠが「右回り」ならⅡはかならず「左回り」、Ⅰが「左回り」ならⅡはかならず「右回り」になることがわかっているとしよう。ただし、測定するまではどちらの電子がなに回りなのかはわからない。

この状況は、さきの「量子的スクラッチカード」の例における「色」を「スピン」、「削る」を「測定する」と読み替えた状況になっていることはわかるだろうか（「白」と「黒」のどちらが「右回り」「左回り」に対応するかは任意でよい）。すると、電子の場合においても、「はじめから電子のスピンが決定していたのかどうか」を実験によって決定することができる。

量子的スクラッチカードにはA、B、Cの三ヵ所のスクラッチ箇所があったが、これに相当するのが、電子の場合、「スピンの軸」ということになる。つまり、電子ⅠとⅡのスピンを測定する際、（量子的スクラッチカードでⅠとⅡで別のスクラッチ箇所を削ったように）それぞれ別の軸でスピンを測定するという実験を多数回行う。そして、ⅠとⅡで異なる結果が出る確率が三三％以下になることがあるならば、電子のスピンは測定するまでは決定していなかったということになるだろう。

そして、繰り返しになるが、量子力学によると三三％以下になることがあり、かつじっさいに実験を行うと、量子力学が三三％以下になると予測する場合には本当に三三％以下になる。つまり、量子力学の予測は正しく、電子のスピンは測定されるまでは決まった値をもっていない。

ということになる。

ちなみに、さきほども述べたように、じっさいに行われた実験では電子のスピンではなく光の偏光が使われた。そして、実験で用いられた不等式も、ここで説明したものやオリジナルのベルの不等式とはちがうものである（が、本質的には三つとも同じものである）。この実験を行ったのは、フランスの実験物理学者アラン・アスペであり、この実験は「アスペの実験」と呼ばれる。

ミクロの世界には私たちが知らない「なにか」があるのか?

さて、量子力学では、この実験で電子Iのスピンを測定したときに、「右回り」になるのか「左回り」が出るのかを前もって予測することはできない。ただ「右回り」になる確率、「左回り」になる確率を予測することができるだけである（量子力学によると、それぞれの値が得られる確率は五〇%ずつ）。「はじめに」でも述べたように、電子のスピンに限らず、特殊な場合を除いて、量子力学はミクロな物質の物理量を測定したときにどのような値が出るかを一意的に（確率1で）予測することができない。

ただ、ある特殊な場合においては確率1で予測することができる。たとえば、電子Ⅰのある軸（それを「z軸」と呼ぼう）のスピンを測定して、その値が「右回り」だとわかれば、電子Ⅱのz軸のスピンは測定前から「左回り」だと確率1で予測できる（注5）。

しかし、量子力学によると、z軸と直交する軸（それを「x軸」と呼ぼう）のスピンと、z軸のスピンを同時に確率1で予測することはできない。これを「不確定性関係」という。

このとき、前節までで議論してきたように、x軸スピンもz軸スピンもどちらも測定前に確定した値をもたない（実在しない）のであれば、そういうこと（これらが同時に確率1で予測できないこと）もあるだろう。しかしここでいったん、前節までの議論を忘れて、もし、じつはx軸のスピンもz軸のスピンも実在しているのだとすればどういう結論になるのかということをあらためて考えてみよう。

すると、量子力学は、x軸スピンもz軸スピンも実在するのにもかかわらず、これらを同時に確率1で予測することができないのだから、不完全な理論ということにならないだろうか？　完全な理論であるならば、実在している物理量の値を確率1で予測できなければならないのではないだろうか？

じつはいままで考えてきた二つの電子を使った実験は、アインシュタインとボリス・ポドルスキー、ネイサン・ローゼンの三人が量子力学の不完全性を示そうとして考えた思考実験なのである。この実験は、アインシュタイン（Einstein）、ポドルスキー（Podolsky）、ローゼン（Rosen）の頭文字をとってEPR実験と呼ばれる（注6）。

いま述べたように、電子IIのz軸スピンは、電子Iのz軸スピンを測定することによって確率1で予測できる。このとき、これら二つの電子が十分に遠く離れていれば、電子Iの測定は電子IIのスピンにたいして何の影響も与えないはずである。アインシュタインらは、「系を乱さずに確率1で物理量の値を予測できれば、その物理量は測定前から実在する」と考えた。これが正しいかどうかはともかく（実際、この条件に対する批判もある）常識的な考えではあろう。それゆえ、電子IIのz軸スピンは測定前から確定した値をもっていた（実在していた）といえる。

さてこのとき、電子Iのz軸スピンの代わりにx軸スピンを測定すればどうだろうか。やはりその結果から電子IIのx軸スピンを確率1で予測できるはずであり、電子Iのスピン測定は電子IIのスピンに何の影響も与えていないはずである。それゆえ、電子IIのx軸スピンもやはり測定前から確定した値をもっていた（実在していた）といえる。

つまり、電子IIのx軸スピンもz軸スピンもどちらも測定前から実在していた。ところが、繰り返すが、量子力学はこれらを同時に確率1で予測することができない。ということは、量子力学が不完全であるということだ、とアインシュタインらは結論づけたわけである。

すなわち、ミクロの世界には量子力学にはあらわれない変数が存在して、それがわかるとx軸スピンとz軸スピンを同時に確率1で予測できるのだが、それを私たちはまだ知らないだけだと考えたのだ。

このような「まだ私たちに知られていない変数」のことを「隠れた変数」と言い、隠れた変数を前提とする理論を「隠れた変数理論」と言う。だが、当時の主流の考えかた（標準的な解釈）は、量子力学はそのままですでに完全であり、隠れた変数などないというものであった。そして、前記のベルの不等式が破れていたことを示す実験は、いわば

量子力学は完全で、隠れた変数などない

ということを示したとも言える（後で説明するように、じつはこれでもまだ隠れた変数が完全に否定されたわけではない）。

しかし、アインシュタインらの議論のどこに欠点があったのか。これにはいくつかの論点がある。ひとつはかれらが局所性を仮定していたことに問題があるとするものだ。つまり、電子Ⅰのスピンを測定したことが電子Ⅱのスピンに影響しないということを仮定して

いたことに問題があるというのである。じっさい、すでに述べたように、電子Ⅰのスピンの測定が電子Ⅱのスピンに影響してしまうのだった（これを非局所相関というのだった）。すると、「系を乱さずに確率1で物理量の値を予測できれば、その物理量は測定前から実在する」という条件から考えると、電子Ⅱのスピンは実在しているとはいえないことになってしまう（「実在していない」ともいえないが）。

もうひとつは、「量子力学の父」と呼ばれるニールス・ボーアによるアインシュタインらの議論に対する反論であるが、「何が実在するか」は実験の状況全体に依存するというものである。つまり、電子Ⅰのx軸スピンを測定したときは、確かに電子Ⅱのx軸スピンが実在するといってよいが、それはあくまで「x軸スピンを測定するという状況下においてのみ成り立つこと」であるということである。それゆえ、電子Ⅰのz軸スピンを測定することによって電子Ⅱのz軸スピンが確率1で予測できるときは、電子Ⅱのz軸スピンは実在するが、x軸スピンは実在しない（すくなくとも実在するとは言えない）ということになる。このようなボーアの考えかたについては二章の最後にもう一度取り上げる。

ところで、本書では、ここまでで考えてきたような状態——二つの電子があってそれら個々のスピンがどちら回りかはわからないけれども、「もし電子Ⅰが右回りであればⅡは左回りになる」というようなこと（つまり、二つの電子全体について）はわかっている状態

――についていろいろな立場から考えることになるが、複数の量子がこのような状態にあることを「量子もつれ状態にある」という。この言葉もこれから何度も出てくるので覚えておこう。

ちなみに、ＥＰＲ実験について書かれた論文をじっさいに執筆したのはポドルスキーだそうで、アインシュタインは、この論文では「本質的な事柄」がぼやけてしまっていると量子力学の基礎方程式であるシュレーディンガー方程式を導いたエルヴィン・シュレーディンガーへの手紙で不満を漏らしている。何がアインシュタインの考えていた「本質的な事柄」であるのかは難しいのだが、アインシュタインが言いたかったのは、量子力学が完全だとすると非局所相関を認めざるを得ないが、そんなものは認められないということのように、その不満を漏らした手紙の続き（ＥＰＲ実験とは別の思考実験が書かれている）を読むと思える。そして、それ以前にもアインシュタインはしばしば量子力学において非局所相関が生じることを指摘している。相対性理論の提唱者であるアインシュタインにとって、このような超光速で影響が伝達する現象は認められないのであろう。また、アインシュタイン自身は隠れた変数理論によって、「内部から」量子力学を完全にしようとしたというよりも、相対性理論と融合することで、「外部から」量子力学を完全にしようとしていたのではないかとも言われる。

最後に次のことに注意しておく。もし非局所相関なんてものがあるのなら、光の速さを超えて情報を伝達することができるのではないか、と思われるかもしれない。しかし残念ながらそれはできないことがわかっている（注7）。それゆえ、さきに非局所相関があれば相対性理論に反するというようなことを書いたが、光速を超えた情報通信ができないのだから非局所相関があっても相対性理論に反しないという説もある。

一つ目・二つ目の課題

さて、こうして、ミクロな世界には量子力学にはあらわれないような「隠れた変数」がないということがわかった（ということにとりあえずしておく）。そしてそれは、量子力学の予測は確率的なのだから、ミクロの世界は（私たちが無知だからではなく）本質的に確率論的な世界なのだということを意味する。このような世界観からは、

1A. ミクロな物質の物理量は測定されるまで明確な値をもっていない（物理量の実在の否定）——もしくは、もっているかどうかを議論することは無意味である

ということが導かれるように思われる（原理的に予測できないのだから）。これはさらに言いか

たを変えると、

測定によって物理量の値は決定される

ともいえるわけだ。

また、このような測定前の物理量の実在性を否定する立場では、電子Ⅰのスピンを測定することによって、瞬間的に電子Ⅱのスピンが実在することになるわけであるから、

2．非局所相関を認める

立場にもなるということはすでに説明した（ただし、逆――非局所相関を認めれば物理量の実在を否定することになる――は言えない）。

一方、1Aのような測定前の物理量の実在を認めない立場に対して実在を認める立場がある。さらに、実在を認める立場にも、隠れた変数を認める立場と認めない立場がある。すなわち、

1B－I．隠れた変数はあり、測定前にも物理量は実在している

という立場（四章）と、

1B－II．隠れた変数はないが、物理量が測定前に実在している

という立場（五章）である。また、測定前の物理量が実在していてかつ非局所相関を認める立場（四章）と、測定前の物理量の実在を認めかつ非局所相関も認めない立場（五章・七章）もある。

ところで、ここまでの議論から、なぜ前記二つ（1B－I、1B－II）のような立場が可能なのか不思議に思うだろう。アスペの実験によってベルの不等式が破れていることがあきらかになったはずだった（「ベルの不等式が破れている＝隠れた変数はない」ということだった）し、隠れた変数がないとすると、何度も述べたように、量子力学では測定値の一意的な予測ができないのだから、測定前の物理量の実在性も認めることができないはずだったのではないのだろうか。

だが、なぜ前記二つのような立場が可能なのかは四章以降の楽しみとして、本題に入る

前にまだ二つほど話さなければならないことがある。ひとつは「状態の収縮」について、もうひとつは「粒子と波の二重性」についてである。

余分な仮定

さて、ここで本書でも頻出する便利な表記法を紹介しよう。たとえば、電子のz軸スピンが「右回り」という状態にあるとき

$$|\text{右回り}\rangle_{\text{電子}z}$$

という書きかたをする。

つまり、「|」と「⟩」にはさまれた部分に状態（スピンが右回りであるとか、速さがどれくらいだとか、そういうもの）を書いて、「⟩」の右下に「何の」状態について書いているのかということを示す。ただし、「何の状態についてか」があきらかなときは省略することもある。また、さきに考えたEPR実験における量子もつれ状態は、次のようにあらわす。

$$|\text{右回り}\rangle_{\mathrm{I}}|\text{左回り}\rangle_{\mathrm{II}}+|\text{左回り}\rangle_{\mathrm{I}}|\text{右回り}\rangle_{\mathrm{II}} \quad (1-1)$$

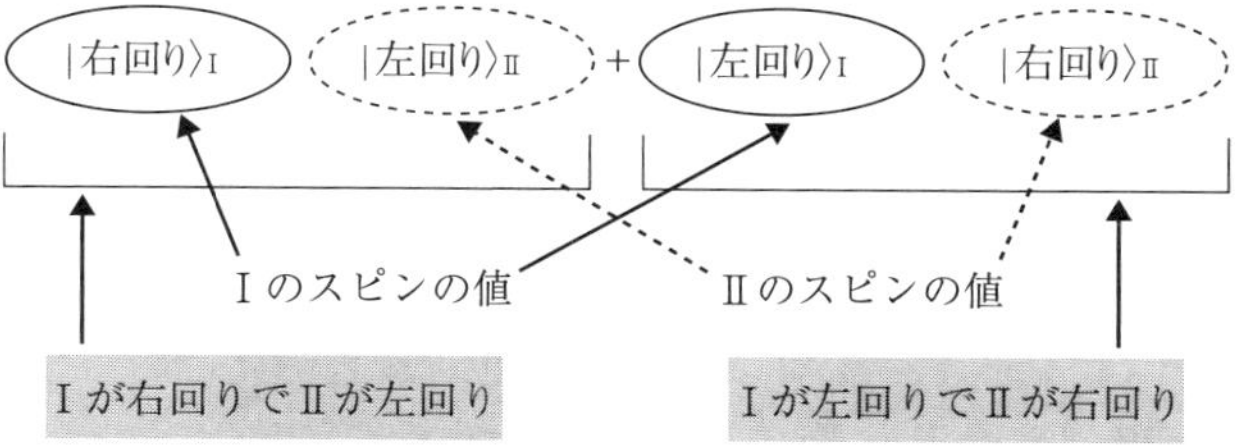

図1－3：便利な記号を用いて量子もつれ状態を表現してみる

（1－1）式の第一項（$|右回り\rangle_{\mathrm{I}}|左回り\rangle_{\mathrm{II}}$）の$|右回り\rangle_{\mathrm{I}}$は電子Iのスピンが右回りであることを示し、$|左回り\rangle_{\mathrm{II}}$は電子IIのスピンが左回りであることを示している。一方で第二項の$|左回り\rangle_{\mathrm{I}}$はIのスピンが左回り、$|右回り\rangle_{\mathrm{II}}$はIIのスピンが右回りであることを示している（図1－3）。

このように、「＋」でいくつかの異なる状態が結びつけられていることを「状態が重なっている」という。いまの場合、「Iが右回りでIIが左回り」という状態と「Iが左回りでIIが右回り」という状態が重なっている（注8）。

この「電子Iと電子IIからなるひとかたまり」のような、「いくつかの要素からなるひとかたまり」のことを物理学などでは「系」と呼ぶ。

もし、系が電子ひとつだけからなっているとすると、この系の状態は、

$$|右回り\rangle_{\text{電子}z} + |左回り\rangle_{\text{電子}z} \quad (1-2)$$

のように書ける。つまり、スピンの右回りと左回りが重なり合っているのである。

さて、量子力学が完全だとすると、このように複数の状態が重なり合っている形でしか系の状態を書けないのは私たちの無知のせいではないということになる。これは言い換えると、（1－1）式や（1－2）式は系の完全な情報をあらわしているということである。だが、そうだとすると次のようなおかしなことが起こる。

たとえば、（1－1）式の状態にある系において電子Ⅰのスピンを測定して右回りだとわかったとしよう。すると、この系の状態は（1－1）式であらわされる状態から、

$$|右回り\rangle_{\mathrm{I}}|左回り\rangle_{\mathrm{II}} \quad (1-3)$$

という状態に変化する。すなわち、測定によって

$$|右回り\rangle_{\mathrm{I}}|左回り\rangle_{\mathrm{II}} + |左回り\rangle_{\mathrm{I}}|右回り\rangle_{\mathrm{II}} \Rightarrow |右回り\rangle_{\mathrm{I}}|左回り\rangle_{\mathrm{II}} \quad (1-4)$$

という状態の変化が起きたのだ。しかしこのような状態変化はあらたな「謎」を生み出す。なぜなら、何度も言うように、量子力学ではＩのスピンが右回りになるのか左回りになるのかは予測できないのだから、

（１－４）の状態変化は量子力学では記述できない

ということになるからだ。というのも、もしこれが記述できるならば、測定したときにどの状態が実現するのかという予測も――すくなくとも原理的には――できるはずだからだ。

ここで、古典力学の「ニュートン方程式」に相当する量子力学の基本方程式を「シュレーディンガー方程式」と言うのだが、右の話をもう少し正確に言うと、シュレーディンガー方程式によっては（１－４）のような状態の変化を記述できない、ということだ。

この（１－４）のような変化を「状態の収縮」という。そして、状態の収縮はシュレーディンガー方程式によって記述できないのだから、それを記述するための「別の仮定」が必要となる。その仮定を「射影公理」という。

この辺りのことをちがう言いかたで述べてみよう。じつは、シュレーディンガー方程式

を解いてやると、任意の時刻における測定していないときの状態は決定することができる。つまり、測定していないときはミクロの世界も決定論的なのである。ところが、測定をすると、射影公理によって非連続的で確率論的な変化をする。それが（1－4）のような変化である。

三つ目の課題

さて、物理学の基本精神は「なるべく少ない仮定で多くのことを説明する」である。この精神からすると、射影公理はまさしく喉元に刺さったトゲのようなものなのであり、

3．射影公理を用いずに状態の収縮を説明する

ことも重要な問題となる。この場合、

3A．状態の収縮を認める

という立場（三章）と

3B．状態の収縮なんてない

という立場（四章―七章）がありうる。3Aの立場の場合、さらに、

3A－I．収縮のメカニズムを量子力学の範囲内であきらかにする
3A－II．収縮のメカニズムを量子力学を修正することによってあきらかにする

という二つの立場がありうる。

さて、さきほど、

1．物理量が測定前から実在しているのかどうか、隠れた変数は存在するのか

という量子力学の哲学における課題を挙げた。この課題と、いま挙げた「射影公理なしに状態の収縮（に見える現象）を説明する」という課題はどのように関連しているだろうか。

まず、1B－Iの「隠れた変数が存在する」という立場では、（1－1）のような状態は

私たちが無知であることをあらわしているのだから、3Bの「状態の収縮なんてない」という立場になる。また、1B－Ⅱの「隠れた変数がなくても物理量が実在する」という立場でも、やはり状態の収縮はないという立場になるだろう（「状態の収縮がある」という立場では、それ以前は「複数の状態が重なっていた」ということを認めるわけであるから、物理量は明確な値をもっていないことになる）。

以上、本章では「物理量の非実在性」「非局所性」「状態の収縮」というキーワードでミクロ世界の不思議さを見てきた。では、つぎには「粒子と波の二重性」というキーワードのもと、さらなるミクロ世界の謎を見ていこう。

1　もっともシャツの場合は一郎や二郎など着ている本人がシャツの色をはじめから見ざるを得ないだろうから、かりに「量子的シャツ」があっても量子的スクラッチカードのようなことにはならない。量子的スクラッチカードが例としてうまく機能するのはもちろん、削るまで（あらかじめ決まっているにしろいないにしろ）何色かがわからないからである。

2　正確にいうと、光速以下のものが光速を超えることはない。

3　四章以下で述べるように、この実験結果を受け入れつつ、それでも三郎の説に反対する方法はある。しかし、それは後のお楽しみということにしておこう。

4 オリジナルのベルの不等式はこれとはちがうのだが、本質的には同じである。ベルの不等式についてくわしく知りたい読者は巻末の読書案内に参考文献を挙げておくので、それを見てほしい。

5 その他にも、当たり前といえば当たり前だが、一度電子Iのz軸を測定して「右回り」という結果が得られれば、その後は、外からなんらかの力をくわえない限り、何度測定しても「右回り」という結果が得られるので、確率1で測定結果が予測できる。

6 じっさいの論文では、スピンではなく位置と運動量を例として使っている。そして、完全性の定義や実在性の定義もきちんとなされたうえでもっと厳密に議論されている。ここでの説明はそれゆえややいい加減である。くわしくは巻末の参考文献を見てほしい。

7 たとえば、拙著『理系人に役立つ科学哲学』（化学同人）の二〇五～二〇六頁を参照のこと。

8 本来は、それぞれの項に係数がつくのだが、本書では簡単にするために省略している。

第二章　粒子でもあり波でもある?

——量子力学のなにが不思議なのか2

光は粒子なのか波なのか

前章では、「物理量の非実在性」「非局所性」「状態の収縮」について説明した。本章では「粒子と波の二重性」について説明したい。

一七世紀、光が粒子であるのか波であるのかが科学界で論争になっていた。万有引力の法則で有名なアイザック・ニュートンは、「光は粒子である」（粒子説）という立場だったが、同時代の物理学者であるクリスティアン・ホイヘンスは「光は波である」（波動説）と唱えた。

で、光が粒子であるのと波であるのとでなにがちがうの？　という話であるが、図で説明した方がわかりやすいだろう（図2－1）。

たとえば、「光が点Aから点Bに伝わった」と言ったとき、光が粒子ならば、光の粒そのもの（これを「光子」と名づけよう）が点Aから点Bへと移動したということである。

一方で、光が波ならば、点Aから点Bへと「振動」が伝わったのであって、なんらかの実体が移動したわけではない。つまり、光とは光子のようななにか実体のあるものではなくて、振動という「運動」が伝わったものであるということである。

たとえば、「音」は周知のように「波」である。太鼓をたたくと、太鼓の皮と接してい

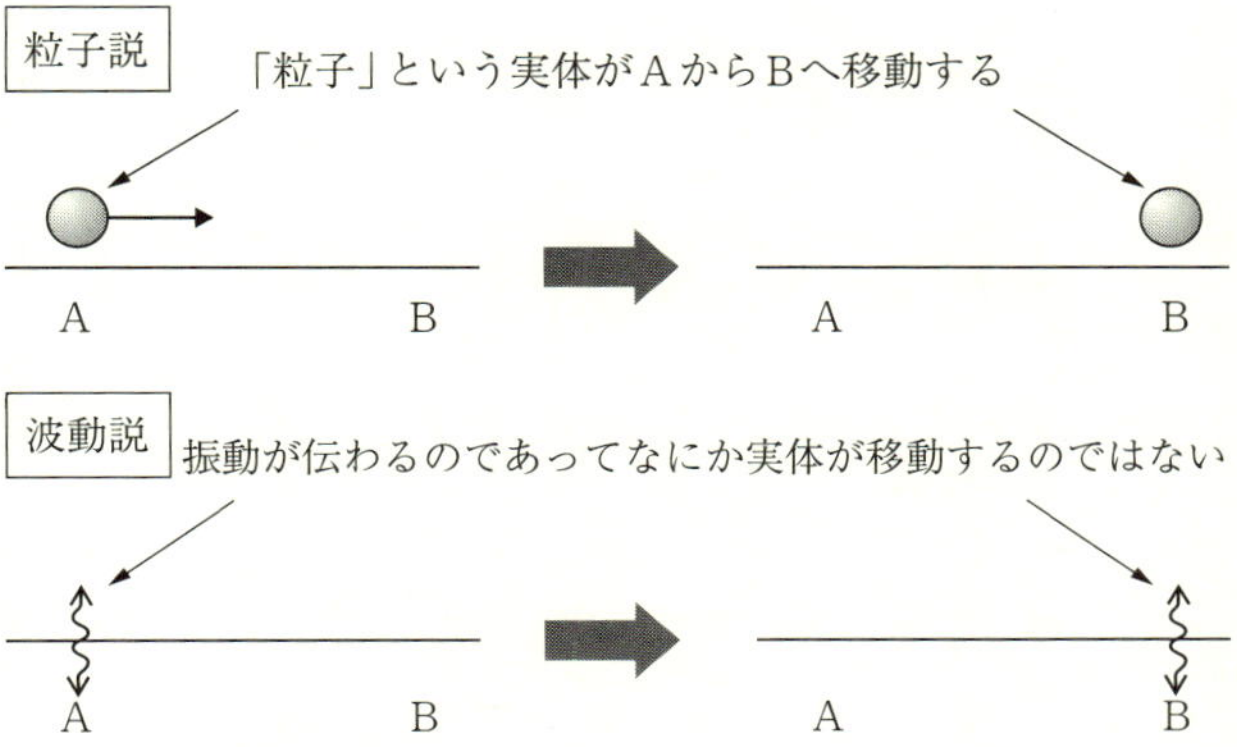
粒子説
「粒子」という実体がAからBへ移動する
A
B
A
B
波動説
振動が伝わるのであってなにか実体が移動するのではない
A
B
A
B
図2－1：粒子と波の違い

る空気が振動する。その振動によってその空気に隣接する別の空気が振動し……という具合に周囲へと振動が伝わっていく。これが「音が伝わる」ということである。そして、振動を伝えるもの——いまの場合は「空気」——を媒質という。海の波の場合なら、海水が媒質ということになる。たとえば、チリで地震があったとき、日本にも津波が到達するが、これはもちろん、チリの海水がはるばる日本までやってくるわけではない。地震によって生じた「振動」が媒質である海水を伝わって、日本までやってくるわけである。

ここで、光の波動説の問題のひとつは、この「媒質」がいったいなにかということである。光は真空中でも伝わるから、空気だとか水だとかが媒質ではない。そこで「エーテル」という真空中でも存在する特殊な物質が想定され、それが光の媒質であるとされたのである。このエーテルの存在は、二〇世紀はじめにアルバート・マイケルソンとエドワード・モーリーという物理学者による実験によって否定されたと言われている。

ともかくも、「光が粒子である」ということは、光は実体がある「なにか」(これを「光子」と名づけた)ということであり、それが「光の正体」ということになるが、「光が波である」ということは、光はなんらかの実体ではなく、媒質の振動が伝わっていくという「現象」(音が「空気の振動」という現象であるように)であるということになる。言ってみれば、光の粒子説と波動説の対立は、光が「もの」か「こと」かという対立なのである。以上から、

「粒子であること」と「波であること」は根本的に相容れない

ということがわかっただろうか。それゆえ、光が粒子であれば波ではありえないし、波であれば粒子ではありえないのだ。

さて、では、光が粒子なのか波なのかを決定するための実験はなにかあるだろうか。光子が存在するとしても、目に見えるほどの大きさではないから直接光子を見て、その存在

を確かめることはできない。また、音の場合は、媒質に触れることによって振動を直に感じることができるが、光の場合は、波だとしても、その媒質はエーテルなどという、そもそれ自体の存在を感知することができないものだから（そんなものが存在するのかどうかすらアヤシイ——前述したように、実験的にはその存在は否定されたとされている）、それが振動しているかどうかを確認することもやはりできない。

光は波？

だが、波には粒子にない性質があるので、光がその性質を示すかどうかで波であるかどうかを確認できる。その性質とは「回折」と「干渉」である。まず、回折について説明しよう。

たとえば、海に図2－2で描かれたような、わずかに隙間のある防波堤があったとする。いま、波が左から右へやってきて、この隙間を通過すると、波は防波堤の後ろ側（右側）へと回り込む。しかし、粒子で同じことをやっても、このような現象は起きない。たとえば、壁に穴をあけて、そこに小さなボールを通しても、壁の後ろ側には回り込まない。穴の端に当たれば、多少は進行方向が曲がるが、波の回折ほど回り込むということはない。

つぎに、「干渉」というのは波と波が重なったときに新しいひとつの波ができる現象である。その新しい波の「高さ」は、ちょうどぶつかった二つの波の高さを足し合わせたものに等しい。これを「重ね合わせの原理」と言う（一章で「状態の重ね合わせ」という言葉が出てきたが、これと関係している）。それゆえ、波の山と山が重なれば強め合うし、山と谷が重なれば打ち消し合う。

図2－3に描かれた実線と破線の波のように、たがいの波の高さ（これを「振幅」という）も波の山と山の距離（これを「波長」という）も同じで、ちょうど一方の山ともう一方の谷が重なるようになっているとき（つまり、波長の半分だけたがいにずれているとき、注9）、これら二つの波はちょうど打ち消し合って消える。このようにたがいがちょうど波長の半分だけずれていることを「位相が一八〇度ずれている」もしくは「位相が反対（逆）である」などと言う。

たとえば、最近のヘッドフォンでは「ノイズキャンセリング」という機能があるが、これは波の干渉を利用したものである。すなわち、外部の騒音をちょうど打ち消すような音（外部の騒音となるべく同じ波長・振幅で位相が反対の音）を発生させてノイズを軽減しているのである。このようなことは、もし音が粒子であれば起こりようがないことは理解できるだろう（二つの粒子がぶつかって、どちらも消滅してしまうということは——少なくとも日常的な世界では——

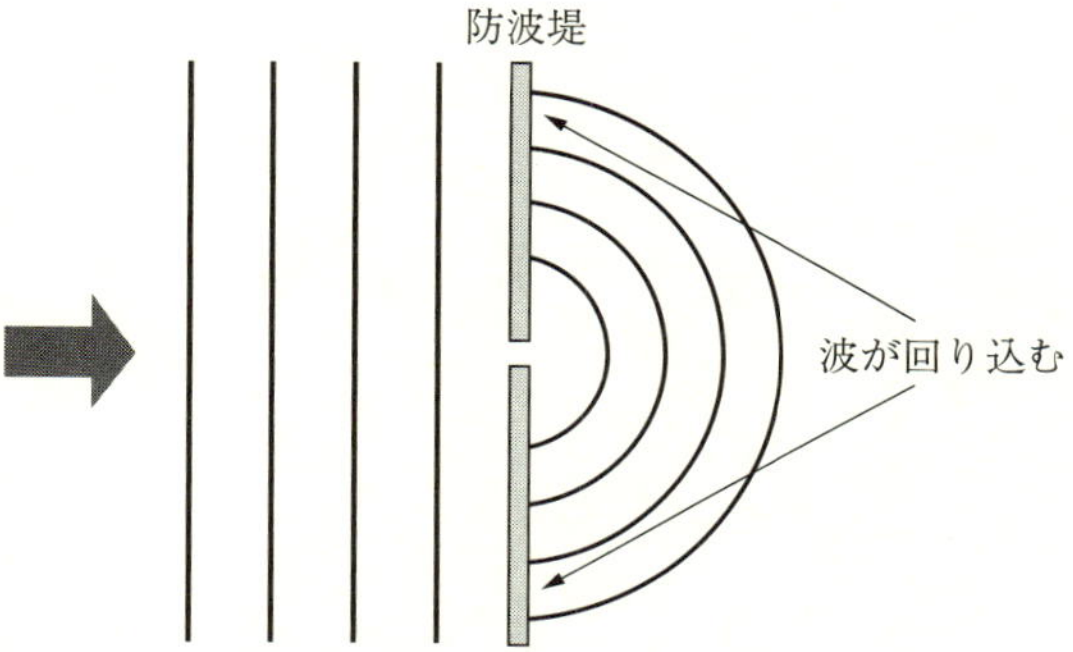
防波堤
波が回り込む

図２－２：波の回折とは？

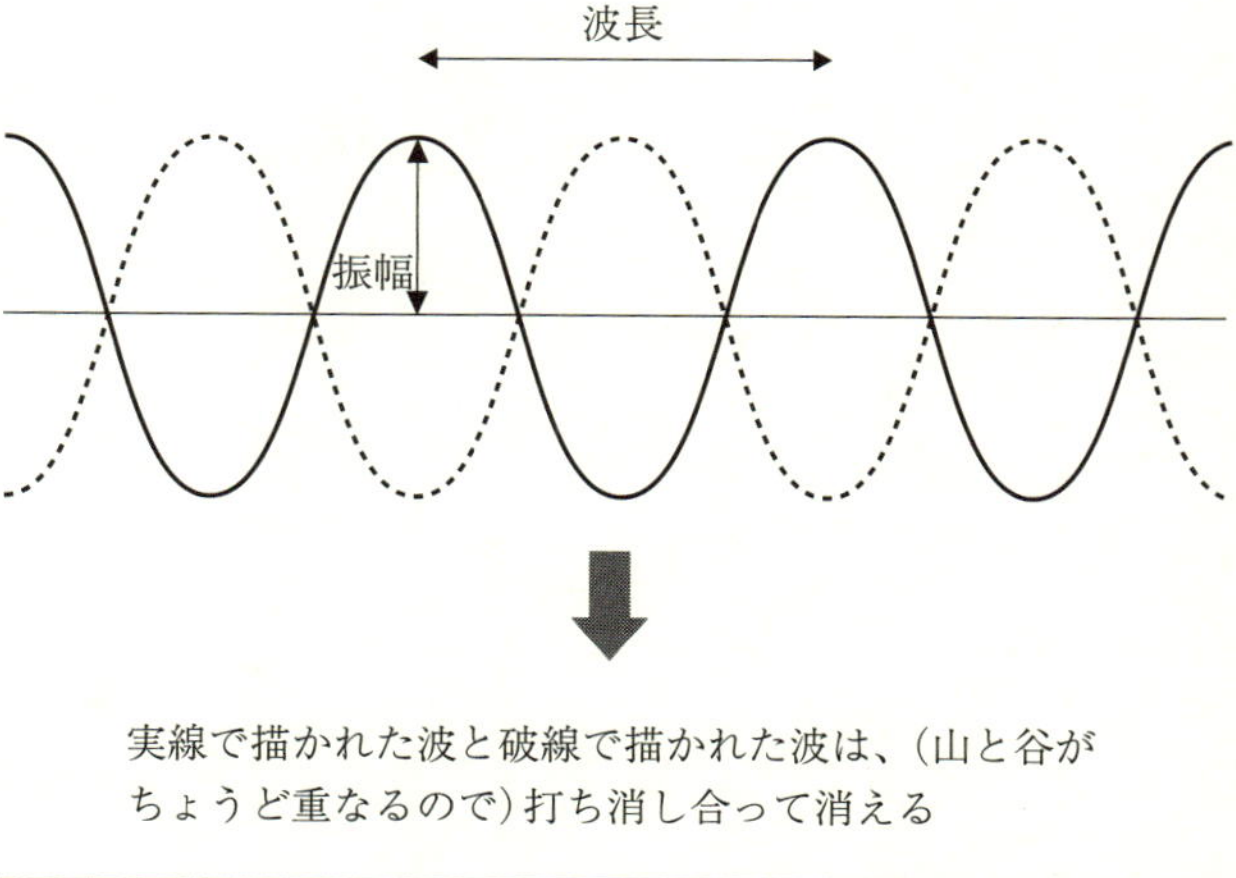
波長
振幅
実線で描かれた波と破線で描かれた波は、（山と谷がちょうど重なるので）打ち消し合って消える

図２－３：波長と振幅が等しく、位相が反対の２つの波が干渉すると消えてしまう

ない)。

もしも位相が同じ(たがいの山と山、谷と谷が重なり合う)ならば、二つの波は強め合うことになる。

ちなみに、ある一点を一秒間に何回波の「山」が通過するかが「振動数」である。「ヘルツHz」という単位であらわされる。

さて、光に話を戻そう。光は回折や干渉も起こすのだろうか? じつは、もともとニュートンが粒子説を唱えて、波動説を否定した理由は、「光は回折を生じないから」というものだった(それだけではないが)。たとえば、晴れた日の外ではくっきりとした影ができるが、光が回折するならば、影なんてできないはずである。たとえばビルの東側から光が当たれば西側に影ができるが、もし光が回折するならば、ビルの西側に光が回り込んでくるわけだから少なくともくっきりとした影はできないはずである。これにたいして波動説を唱えるホイヘンスは、それは光の波長が(ビルに比べて)小さすぎるからだと答えた。たとえば、海の場合でも、大きな波が海に浮かぶ船の前からやってくれば、その波が後ろに回り込むが、小さな波の場合はそのような現象(回折)が起きない。同様に、光の波は小さすぎて回折現象が起きないのだというわけである。最終的にはこのホイヘンスの回答が正解であり、光も回折現象を生じることがわかった。じっさいに、影も一見くっきりしてい

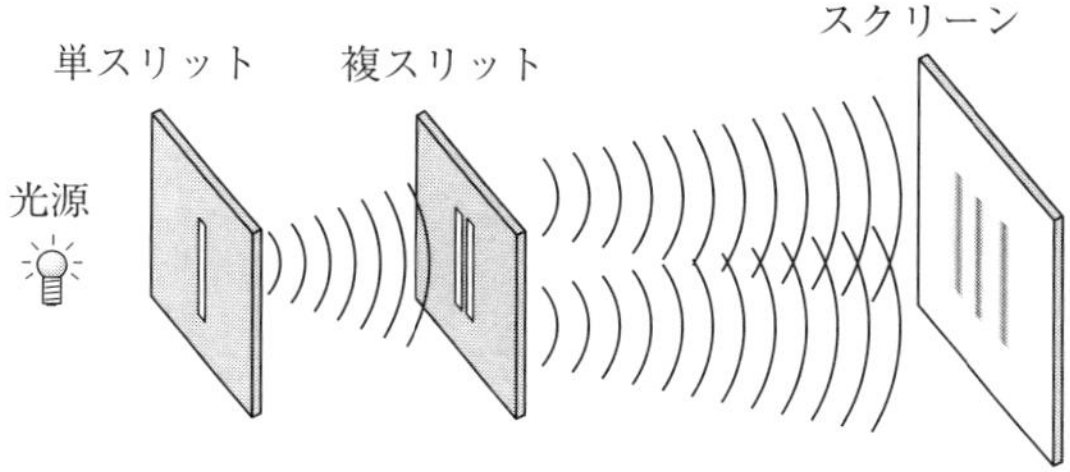

図2－4：ヤングの二重スリット実験

ても、よくよく端っこを見るとぼやけている。これはわずかに光が回折しているからである。

ただ、光の波動説にとって重視されるのはどちらかというと、回折現象ではなく干渉現象のほうである。とくにトーマス・ヤングが一九世紀のはじめに行った「ヤングの二重スリット実験」は有名である（図2－4）。

まず、単スリットで光の位相をそろえ、その後、二重スリットで光を二つに分けると、二つのスリットから出てきた二つの光が干渉し合い、スクリーン上には明るい線（強め合った光）と暗い線（弱め合った光）が交互にあらわれる（これを「干渉縞」と呼ぶ）。

こうして、粒子ならば起きないはずの回折や干渉という現象が実験的に確かめられて、一九世紀の中ごろには「光は波である」という説が科学者集団に受け入れられるようになる。

光はやっぱり粒子？

ところが、二〇世紀に入ってから「あれ？　やっぱり光って粒子かも？」という説があらわれる。「光ってやっぱり粒子かも？」と言い出したのは、後に量子力学に鋭い攻撃を浴びせることになるアインシュタインである。かれは、金属に光をあてると金属から電子が飛び出す現象（これを「光電効果」という）を光の粒子説を使って説明し、それによってノーベル賞をとることになる。

ちなみに、アインシュタインと光は非常に関係が深い。この光電効果についての研究はもちろん光の研究であり、これを端緒として量子力学が発展していくことになるすごい業績なわけであるが、量子力学と並んで現代物理学の二本柱と言われる相対性理論もじつはアインシュタインが光について考察したことから生まれている。

アインシュタインの自伝によると、かれは一六歳のときに、「光を光と同じ速さで追いかけるとどうなるか？」と考えたそうである。これがもし車なら、走っている車を同じ速さで追いかけると車は止まって見える。しかし、光の場合でも光と同じ速さで走れば光が止まって見えるのだろうか？　だが、当時すでに完成されていた光（電磁波）についての理論を考えても、「静止した光（電磁波）」なんてありえない。この「矛盾」を解くために、後に光速度一定の法則（光の速さはどんな速さで追いかけてもいつも同じ速さに見える）を提唱し、（特殊）相対性理論を作り上げたのである。

さらに驚くべきことに、光電効果の論文と特殊相対性理論の論文は同じ年（一九〇五年）に発表されている。この年にはさらにブラウン運動という現象についての論文も発表され（注10）、一九〇五年は「奇跡の年」と呼ばれることになる。

また、アインシュタインと光との関係ということについてもう少し言うと、光電効果の研究を発展させて、「誘導放射」という現象についての理論を一九一七年に作り上げ、これが今日のレーザー技術の理論的基礎となっている。

光電効果に話を戻そう。もう少しこの現象について説明すると、光の振動数がある一定の値未満ならば、どれほど強い光（振幅の大きい光）をどれほど長時間あてても電子は飛び出さないのだが、ある値以上の振動数であれば、弱い光を一瞬あてただけでも電子が飛び出す。光の強さは、飛び出す電子の数と比例する。

二〇世紀までに光は電磁波の一種であるとされたのだが、このころの電磁波の理論によると、振動数が低くても、十分に強い光をあてれば、もしくは十分に長時間光をあてれば、それだけ大きなエネルギーを金属（の内部の電子）に与えることができるはずである、言い換えると、振動数が低くても、強い光であれば、もしくは長時間あてれば、金属から電子が飛び出すはずである。だが、いま述べたように、振動数が一定値以上でないと、どれだけ強い光をあてようが、どれだけ長時間あてようが、電子が飛び出さないので、実際の実験結果とあわない。

そこで、アインシュタインは、光を光の粒（光子）の集まりと考え、光子一個当たりのエネルギーは「振動数」に比例し、光にどれだけの数の光子が含まれるかは「強度」に比例すると考えた。そうすると、十分な振動数（エネルギー）をもった光をあてたときに飛び出す電子の数があてた光の強度に比例することも説明ができる。また、振動数の低い光子は低いエネルギーしかもたないので、電子を金属から飛び出させることができないのである。つまり、アインシュタインは、光子と電子という「粒子どうしの衝突」として光電効果を説明したのである。

ただ、これで「光（電磁波）は粒子である」ということが完全に受け入れられたわけではなく、さらに「コンプトン効果」といわれる現象が発見されることによって受け入れられるようになった。

すでに述べたように、ヤングの二重スリット実験の結果をはじめ、光について行われたいくつかの実験は波動説では容易に説明できるが粒子説で説明するのはきわめて困難なのであった。しかし、では光は波なのかというと、今度は、光電効果やコンプトン効果のように波動説では説明が難しく粒子説では容易に説明できる実験結果がある。

つまり、光が波だとする実験結果と粒子だとする実験結果のどちらもあるので、結局、

光は粒子でもあり波でもある

という「光の粒子と波の二重性」が受け入れられるようになっていく。

一方で、ルイ・ド・ブロイという物理学者は、「いままで波と思われていた光が粒子でもあったのだから、いままで粒子だと思われていた電子が波だったりしてね」と言い出した（これを「物質波」という、注11）。そして、ド・ブロイが物質波の存在を提唱して数年後に、電子でも干渉縞が観測されることとなる。すなわち、電子もやはり粒子でもあり波でもあったのだ。

ちなみに、いまではフラーレンというかなり大きな分子を用いても干渉縞が観測されている。フラーレンで干渉縞を観測することに成功したアントン・ツァイリンガーという物理学者は、「つぎはウイルスで干渉縞を観測したい」と言っている。

結局、光は粒子なのか波なのか

で、おもしろい話はここからである。光子を一個ずつ（つまり、「光子一個相当」の弱い強度

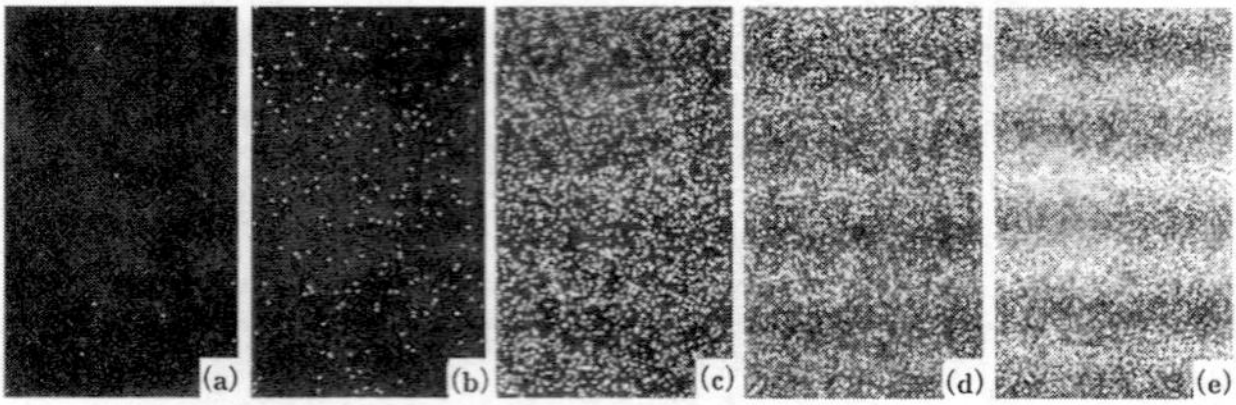

図２－５：光子を１個ずつ二重スリットに通すと、徐々に干渉縞があらわれる
（長谷川修司著『見えないものをみる』東京大学出版会より）

で光を）二重スリットに向けて打ち込む。すると、光子を打ち込むたびにポツポツとスクリーン上に光の点が一個ずつ増えていくのだが、その点が増えていく場所がおもしろい。ふつうの強度（たくさんの光子）で実験したときに明るい線ができたところにばかり点が集まっていくのだ（図２－５）。

ふつうの二重スリットの実験を粒子説で説明することは「きわめて困難」と述べた。これは言い換えると、（「不可能」ではないのだから）「まあでも無理矢理に説明しようと思えばできないこともない」ということでもある。「大量に放たれた光子たちが、スリットを通るときにスリットの端にぶつかって進行方向を変えられ、たがいにぶつかり合ったりして、なんだかよくわからないけど、いくつかの個所には光子が到達せず、また別のいくつかの個所には光子が到達する」ということがもしかしたらあるのかもしれない（詳細なメカニズムはわからないが）。

だが、いまの実験は一個ずつ光子を放っているわけだから、右記のように、大量の光子がぶつかり合って、波でいう干渉のような現象が起きていると説明することはできない。しかし、波だとすれば？　一個の光子だと思っていたけど、やはりじつは波で、二つのスリットを同時に通り抜け、干渉を起こしているというのはどうだろうか。「だけど、一個の光子相当の強度で光を打ち込んだら、スクリーンには点がポツンとあらわれるだけで、干渉縞はあらわれないんやろ？　だったら波とは言えへんのちゃうの」というツッコミが即座に入るかもしれない。

だが、そのツッコミに対する回答は後にまわして、さらに次のような実験をしてみよう。「一個の光子が二つのスリットを同時に通り抜けた」という説を確かめるために、光の検知器をそれぞれのスリットに取り付ける。そうして実験をすると、どちらか一方の検知器しか反応しないのだ。つまり、粒子らしくどちらか一方のスリットしか通過しないのである（波だとどんなに弱い波でも両方のスリットを通る）。

あれ？　では、やっぱり光が波というのはだめなのだろうか？　ところが、この実験をすると、今度はいくつ光子を打ち込んでも干渉縞があらわれない。集団でも波としての性質が消えてしまっているのだ。

うう～ん。では、検知器を置いた場合と置かなかった場合、つまり途中で「測定」という行為をした場合としなかった場合の実験結果から、光は測定をすると粒子性をもち、測定をしなければ波動性をもつとすればどうだろうか？

ここで、さきに回答を後まわしにした、検知器を置かない実験で「スクリーンには点状のスポットができるのだから波とは言えないのでは？」という疑問について考えてみよう。「スクリーンに光子があたって点ができる」ということは、光の位置を測定しているということになる、つまり「測定したから粒子になってしまった」のである。それゆえ、まだ測定していないとき――スクリーンにあたる直前までは、光子一個相当の強度の光でも干渉を起こして干渉縞が生じているのかもしれない。ただ、測定すると粒子になってしまうから、光子一個による干渉縞は観測できないのである。

粒子か波かを選択できる？

この

測定していないときは波として振る舞い、測定すると粒子として振る舞う

という特徴は、二重スリット実験についてのみ言えることではなくて、そのほかの実験でもあてはまる。量子力学の実験にはいろいろとおもしろいものが多いのだが、本書はそういった実験を紹介するのが目的ではないので、残念ながらそれらをいちいち紹介すること

はしない。ただ、もうひとつだけ、他の章の説明でも使う実験を紹介しておこう。それは「マッハ－ツェンダー干渉計」といわれるもので、とてもおもしろい。

まず、図2－6を見てもらえばわかるように、マッハ－ツェンダー干渉計は、二つのハーフミラーと二つのミラーからなる。ハーフミラーというのは、入射した光の半分は通すが、半分は反射する鏡である。

さて、干渉計の左下から光子一個程度の強度の光を入射させる。光を波として考えると、左下のハーフミラーでそのまま上に向かって進む光と反射されて右に向かう光に分かれる。次に、ハーフミラーで反射された光は右下のミラーで全反射されて上に進み（経路Ⅰ）、上に進む光は左上のミラーで全反射され右に進む（経路Ⅱ）。そして、経路Ⅰを進んできた光は右上のハーフミラーによって、そのままAから出てくる光と反射されてBから出てくる光に分かれ、経路Ⅱを進んできた光も右上のハーフミラーでまたそのまま進みBから出てくる光と反射されてAから出てくる光に分かれる。すなわち、経路Ⅰを通った光と経路Ⅱを通った光は、AとBで干渉する。

ここで、経路Ⅰを通って右上のハーフミラーで反射した光の位相は逆になる（そのようにセッティングする）。それゆえ、Bから出てきた二つの光――経路Ⅰを通って位相が逆になった光と経路Ⅱを通って位相がもとのままの光――は打ち消し合って消えるので、Bからは

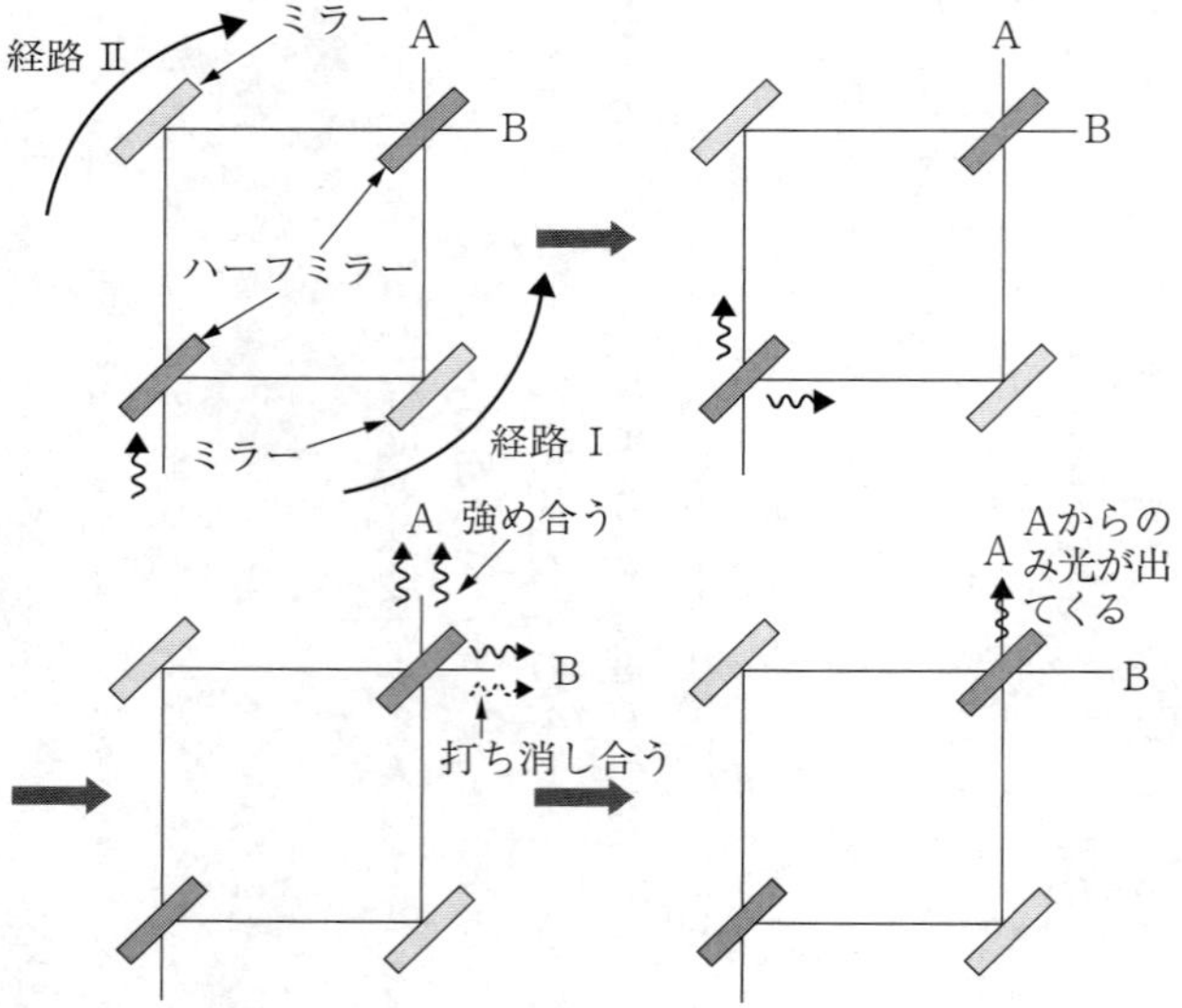

図2－6：マッハ－ツェンダー干渉計

光が出てこないということになる。一方、Aから出てくる二つの光はどちらも位相がもとのままなので強め合う。

以上は、光が波だとしたときに想定しうる結果であるが、じっさいに実験をするとそうなる（何度同じ実験をしてもAからしか光は検出されない）。つまり光は波として振る舞っている。もし光が粒子であるならば、はじめの（左下の）ハーフミラーで反射されるかそのまま通過するかのどちらかであるはずだから（光子一個分の強度なので）、干渉を起こすはずがなく、同じ実験を繰り返すとAとBのどちらからも同じ割合で光が検出されるはずである。

さて、おもしろいのは、経路の途中に光が通ったかどうかを測定する検知器を置いたときのことである。たとえば経路Ⅰに検知器を置いて同じ実験を何度か繰り返して行おう。すると、五〇％の確率でBから光が出てくるのである（検知器がなければBからは光が出てこなかった）！「測定したら粒子として振る舞う」の法則どおりである。

さらにおもしろいのは、経路Ⅰにおいて検知器が反応する確率も当然五〇％なのであるが、検知器が反応しないときでも、Bから出てくることがあるということである（経路Ⅱを通って右上のハーフミラーを透過した場合）。つまり、検知器が反応しなくとも、そのこと（検知器が反応しなかったこと）から光は経路ⅠではなくⅡを通ったということがわかるわけだから、測定したのと同じことになるわけである。それゆえ、波が粒子になってしまうことは検知器と光が相互作用するからだというわけではなさそうである（もっともこの辺りの精密な議論はけっこう難しいのでそう単純には言えないのだが）。

ところで、検知器の代わりに「光子一個でも反応して爆発する爆弾」を置いたとしよう。すると、二五％の確率で爆弾を爆発させずに不発弾でないことを確かめることができることになる。なぜなら、もし爆弾が不発弾でなければそれは検知器として働き、二五％の確率で（爆弾のない）経路Ⅱを通ってBから出てくるので、爆弾を爆発させずにその爆弾が不発弾ではないことを確かめることができるからだ（Aから出てきた場合は、不発弾である可能性もあるので判断材料にならない）。こんなことは古典力学的な世界ではありえないことである。ただし、光子が経路Ⅰを通ってしまう（この場合は不発弾でなければ爆発してしまう）確率も五〇％あるし、経路Ⅱを通ったとしても、BではなくAから出てくる確率が五〇％ある（だから五〇％の五〇％で二五％なのである）。だが、実験装置を工夫することによって「不発弾でなくとも爆発をさせない確率」をいくらでもあげることができる（注12）。

また、もうひとつ、このマッハ-ツェンダー干渉計を使っておもしろい実験ができる（本質的にはさきの検知器を経路に置く実験でも同じことが言えるのだが、より効果を劇的に示すことができる）。すなわち、右上のハーフミラーを外すことで光子の粒子としての振る舞いを見ることができるのである。

というのも、光が波として振る舞うならば、（右上のハーフミラーがないとき）AとBどちらの検知器でも光が検出されるはずだが、じっさいにはAかBかのどちらかの検知器しか反応しないからだ。このとき、Aで検出されたならば光は経路Iを通ったということだし、Bで検出されたならば光は経路IIを通ったということになる。

さて、ハーフミラーを外すかつけるかというのは光が右上に到達するまでに決めればよいことである。もしはじめはハーフミラーをつけていて直前に外し、Bで光が検出されたとしたらどうだろうか。このときハーフミラーをつけたままであったならば、経路Iと経路IIを同時に光が波として通り、干渉をしてAから検出されたはずであったのに、直前にハーフミラーを外したせいで、光は粒子として経路IIだけを通ったということになったのである。もし光が測定前から実在しているならば、ハーフミラーを外したことで「過去をさかのぼり」経路IIを光子が通ったことになるのではないだろうか？（注13）

これを「遅延選択実験」と言い、物理学者のジョン・ホイーラーが提案し、実際の実験でも、右記の予測通りになることが確かめられている。

四つ目の課題

さて、長かったが、ここで四つ目の量子力学の哲学の課題、

4.「粒子と波の二重性」をいかにして説明するか

があきらかになった。つまり「粒子でもあり波でもあるなんて言われてもなんだかイメージができないから、なんとかがんばって実験結果を直感的に説明しよう」という課題である。もちろん「確かによくわかんないけど、実験結果がそうなってるんだし、直感的なイメージをもつことはあきらめましょうや」という立場もありうる（そして後に説明するように実際にある）。

ここまで出てきた四つの課題はたがいに強く関連している。たとえば、「測定するまでは波として振る舞い、測定すると粒子として振る舞う」（粒子と波の二重性）ということと、「状態の収縮」とが関係するのはわかるだろうか。

スピンのような右回りか左回りかという二つの値しかとらない物理量ではわかりにくいかもしれないが、「位置」のような連続的な値をとる物理量を考えてみればわかるだろう。光子一個を打ち込む二重スリット実験では、打ち込んだ光子がスクリーン上のどこに

命中するのか一意的には予測できない。これはつまり、測定するまではいろいろな位置にある状態が重ね合わさっているわけである。さきに、「スクリーンにあたる直前は干渉縞が生じている」と書いたが、これがまさしくその「位置の重ね合わせ状態」である。

たとえばスクリーンは正方形で一辺5mだとしよう。このスクリーンを1m×1mの25の区画に分割してみる。これに左上から1〜25までの番号を振る。

光子一個を打ち込んで、区画番号1のところにポツンと点ができれば、その状態は、

|1〉　(2-1)

と書ける。では、スクリーンに当たる直前はというと、干渉によって完全に打ち消されるところ以外には、確率の大きさの違いはあるもののスクリーン上のすべての場所で光の点があらわれる可能性があるのだから、その状態は、

|1〉+|2〉+|3〉+……+|25〉　(2-2)

のような感じであらわされる。そうすると、測定（スクリーン上で光の点があらわれる）によっ

て（2－2）の状態が（2－1）の状態へ収縮するということになるわけである。もっと区画を増やし細かく分割すると、より波らしくなるだろう。

このように、粒子と波の二重性と状態の収縮は関係する。そして、すでに説明したように、状態の収縮を認める立場は一般には物理量の実在を認めない立場であるから、粒子と波の二重性を認める立場もやはり物理量の実在を認めない立場となるだろう。また、逆に状態の収縮を認めない（それゆえ粒子と波の二重性を認めない）立場もありえて、この立場に立つ人は、ふつう、電子や光は粒子であり、測定前もはっきりとした物理量をもっている（測定前の物理量も実在している）という立場にも立つ（ただし、後で説明するように、ボーアは粒子と波の二重性を認めながら、状態の収縮は認めず、部分的に測定前の実在を認めていたようである）。さらに、状態の収縮を認める立場は一般に非局所相関も認める。ただし、非局所相関を認めても、状態の収縮を認めず、かつ物理量の実在を認める立場もある。

標準的な解釈とは？

さて、あらためて量子力学の哲学における四つの課題を書いておこう。

1．測定前の物理量は確定した値をもつか（実在するか）

2. 非局所相関はあるのか（空間的に遠く離れたものどうしが一瞬で影響を与え合うのか）
3. 射影公理をどう扱うか（状態の収縮をどう扱うのか）
4. 粒子と波の二重性をどう考えるか

である。これに対して、

1. 測定前の物理量は実在しない、もしくは測定前の物理量について議論することは無意味である
2. 非局所相関はある
3. 射影公理を認める
4. 粒子と波の二重性を認める

というのが「標準的な解釈」と呼ばれる解釈である。

だが、右で示した特徴は、「標準的な解釈」と言ったときに、ぼんやりとイメージされる最小限の特徴であって、じつは標準的な解釈と言いながら、なにがその標準的な解釈なのかを厳密に言うのは難しい問題だったりする。

ところで、一章で出てきたボーアは、デンマークの首都コペンハーゲンに研究所を創設し、世界中から優秀な研究者を招いたのだが、この標準的な解釈はコペンハーゲンに集まった研究者たち（かれらを「コペンハーゲン学派」と呼ぶ）によって練り上げられた解釈であるから「コペンハーゲン解釈」とも呼ばれる。

この「コペンハーゲン解釈」という呼び名は、一九五〇年代半ばに、ボーアとともに量子力学の発展に貢献のあったドイツの物理学者ヴェルナー・ハイゼンベルクがその著書のなかで用いたのが最初だと言われている。しかし、ハイゼンベルクとボーアの量子力学に対する考えかたはしばしば食い違っていた。

ちなみに、ボーアは議論を始めると、相手が納得するか自分が納得するまでやめない人で、ハイゼンベルクが不確定性関係を提唱したときも、ボーアは最初はこれを認めず（というよりも、不確定性関係の導きかたが気に食わなかった）、激しい議論の最中にハイゼンベルクは泣き出したという話もある。また、シュレーディンガーと議論したときも、議論につかれて熱を出し寝込んだシュレーディンガーの枕元で議論を続けたという。

余談が続くが、シュレーディンガーという人は、写真で見るといかにも「オーストリアの堅物の物理学者」といった風情なのだが、これがなかなかの女たらしだったらしく、「自分と関係した女リスト」を作るという悪趣味なことをやっていたとか。シュレーディンガー方程式も不倫旅行中に考えついたという話である。ちなみにアインシュタインもなかなかの女好きだったらしいが、かれが友人に相対性理論について説明するときに、「熱いストーブの上に一分間手をあてると、まるで一時間くらい経ったかのように感じられるけど、きれいな女性と一時間過ごしていると、まるで一分間ぐらいにしか感じられないでしょ？　それが相対性です」というようなたとえ話をしたらしい（「相対性理論によると観測者によって時間の長さが変化する」ということを説明しようとした）。

話が横道に逸れすぎた。ボーアとハイゼンベルクの違いであるが、ボーアは後で説明する「相補性」という概念を好んで用いていたが、ハイゼンベルクは、そのような曖昧な言葉は用いるべきではなく、実験結果と一対一対応するような数学的記述のみを用いるべきだとした。

このように、同じ「コペンハーゲン学派」とみなすことができる研究者たちのあいだにも考えの相違があり、それゆえ、コペンハーゲン（標準）解釈も一枚岩の明確に定義された解釈ではない。ただ、さきに挙げた四つの特徴と、

5．ある物理量がある測定値を得る確率は、「ボルンの規則」と呼ばれる規則によって計算される

を合わせた五つの特徴を最低限もっているとされる（ここにさらに「観測者の意識によって状態の収縮が起きる」を加えることもある）。本書でも「標準的な解釈」という言葉をこの意味で使う。

なにを見るかでなにが見えるかが決まる

ここで、一章でもすこしだけ説明したボーアの考えかたについて紹介しておこう。さきにも言及したように、ボーアの量子力学に対する解釈で重要な概念は「相補性」であるが、これは必ずしも「標準的な解釈（コペンハーゲン解釈）」に不可欠な概念ではない。それどころか、最近では、ボーアの解釈は一般に理解されている標準的な解釈（さきに挙げた五つの特徴を備えたもの――とくにこのなかでも一つ目の実在および、三つ目の状態の収縮に対する考えかた）とはかなり異なるものだとする研究もある。

前述の二重スリット実験やマッハ－ツェンダー干渉計を用いた実験で見たように、ミクロな物質は粒子としても波としても振る舞う。しかし、波としての振る舞いと粒子としての振る舞いを同時に見ることはできない。粒子としての振る舞いを見るためには粒子としての振る舞いを見るための実験の設計（スリットのどちらを通ったかを調べるための検知器をつけるとか）が必要であるし、波としての振る舞いを見るためにはそのための実験の設計が必要である。

言いかたを変えると、粒子としての振る舞いを見るために設計された実験では波としての振る舞いを見ることはできないし、波としての振る舞いを見るために設計された実験では粒子としての振る舞いを見ることはできない。このような関係を「相補的な関係」とボーアは呼んだ。

また、粒子は（測定をすれば）「いつ・どこに」存在するかが明確なので時間的・空間的に記述できる。一方で、波はそのような記述ができない（ふつうの海の波などをイメージしてもらえばよい——「どこに波があるのか」という質問に答えるのは難しくないだろうか）。

だが、量子力学の基礎方程式であるシュレーディンガー方程式は、「波として」振る舞う量子力学的系を決定論的に記述できる。言いかたを変えると、ある時刻で系が（波として）なぜそのように振る舞うかは、それより過去の系の状態から説明できる。それゆえ、波としてならば因果的に記述できる。しかし、量子力学的系を「粒子として」記述しようとすると、初期条件をどれだけ正確に定めても、その後系がどのように振る舞うかは決定できない、つまり因果的に記述できない。

たとえば、マッハ–ツェンダー干渉計（図2–6参照）で、経路に検知器を置いた（つまり、光が粒子として振る舞うような実験設計をした）とき、Aから光が出てきたとして、それに対し「なぜAから光が出てきたのか」という問い（原因をたずねる問い）を発しても量子力学は答えることができない。しかし、「光がいつ・どこにあるのか」という問いには答えることができる。たとえば、経路Iに検知器を置いていて、これが反応したならば、そのときには検知器の場所に光がいたのである。

一方で、経路に検知器を置かない（つまり、光が波として振る舞うような実験設計をした）とき、このときはかならずAから光が出てくるわけだが、それに対する「なぜAから光が出てきたのか」という問いは正当である。すなわち、「干渉によってBから出る光は打ち消し合い、Aから出る光は強め合うのでAからのみ光が出てくるのである」というのが答えである。だが、「光はいつ・どこにあるのか」という問いには答えることができない。それゆえ、因果的記述と時空間的記述も「相補的」な関係にあるとボーアは言う。

その他、量子力学には不確定性関係という古典力学にはない関係が存在するが、これにも相補性が適用される。一章では不確定性関係の例として、x軸スピンとz軸スピンが同時に明確な値をもたない、という関係を挙げたが、そのほかにも位置と運動量は同時に明確に値をもたない、という関係もある（注14）。これらの場合なら、x軸スピンとz軸スピン、位置と運動量がそれぞれ相補的な関係にある。

さきに述べたように、ボーアはハイゼンベルクがはじめて不確定性関係を提唱したとき、その導出の仕方が気に食わなかったわけだが、ハイゼンベルクの導出方法は、相補性と何の関係もなく、「測定」という行為に注目した思考実験から導き出されたものだったからである。そして、ボーアは後に、位置と運動量の不確定性関係を粒子と波の二重性を用いて導出する。このことからも、ボーアが粒子と波の二重性という性質を量子力学における（古典力学と決定的に違う）重要な性質だと考えていたことがわかる。

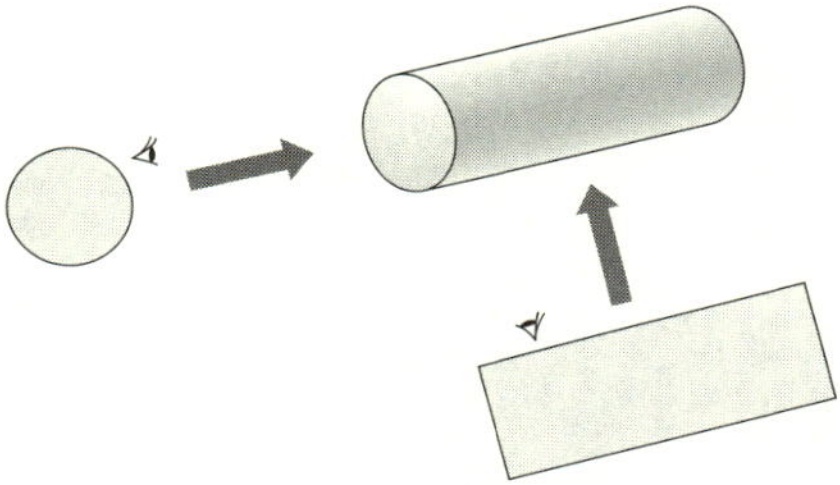

図2－7：三次元の図形である円筒を二次元人が見れば、どこから見るかで円に見えたり長方形に見えたりする。しかし、二次元人にとっては円であり同時に長方形であるような図形はありえない

相補性をどう考えるか

さて、前述のような相補性は次のように理解すればよいのではないかと私は思っている。たとえば、図2－7のような円筒を考えよう。さらに、二次元世界の住人である二次元人も考えよう。この二次元人は、この円筒を真横から見るか真正面から見るかしかできない。すると、この円筒を真正面から見るような実験の設計をするとこの円筒は円にしか見えないし、真横から見るような実験の設計をするとこの円筒は長方形にしか見えない。

すると、二次元世界人の理解では、ある一つの対象が円でもあり、長方形でもあるなどということはないはずなので、「これはいったいどういうことなのだろう?」と悩むことになるのだが、それは私たちが、三次元的なものを二次元的にしかとらえることができないことから生じる矛盾なのである。

同様に、私たちは古典的にしか物事をとらえることができない。それはもう私たちがそうなっているのだから仕方がない。だが、二次元人的な思考では円になったり長方形になったりするのは矛盾だが三次元的には何の矛盾もないように、古典的世界の住人的思考では粒子であったり波であったりというのは矛盾だが、量子的世界では何の矛盾もないのだ。

しかし、古典的世界の住人である私たちは量子的世界を直接的に理解することなどできないのだから、結局、私たちは粒子的記述（時間的・空間的記述）と波動的記述（因果的記述）を併用することによって量子的世界の全体像を記述するしかない。二次元人が、長方形と円という二つの相矛盾する記述を用いて、円筒を記述するほかないのと同様である。これが相補的（粒子的記述と波動的記述がたがいに補い合う）ということである（と私は理解している）。

そうすると、ボーアは量子的世界における実在を完全に捨て去っているわけではないと

も言えるかもしれない。たとえば、さきほどx軸スピンとz軸スピンは同時には明確な値をもたないと言ったが、

x軸スピンを測定するための実験であればx軸スピンは測定前から実在しているし、
z軸スピンを測定するための実験であればz軸スピンは測定前から実在している

とは言えるのではないだろうか。しかし、これらが同時に実在することはないのである。

そして一章でも紹介したように、ボーアはEPRの議論にたいしてこのような反論をしたのだった。これは六章で説明する「様相解釈」にも通じる考えかたである。

各解釈の概要

では、いよいよ本題に入っていくわけだが、全体の見通しをここで述べておくことは読者の理解に役立つであろう。

まず、三章では、状態の収縮を認める立場から、「いつ・いかにして状態の収縮が生じるのか」というメカニズムを解明しようとする二つの理論「GRW理論」と「デコヒーレンス理論」を紹介する。前者は従来の量子力学をそのまま認めるのではなく、すこし修正

したものである。これらは正確には解釈ではないので、本書全体の中では浮いている感じがするが、量子力学の哲学において重要な理論なので紹介することにした。

四章では「軌跡解釈」と呼ばれる解釈を紹介する。簡単に言うと、光や電子は粒子なのであるが、「ガイド波」といわれる「目には見えない波」があって、その波にいわば「乗って」粒子が動くのである。つまり、「粒子でも波でもある」のではなくて、「粒子も波もある」のだ。

次に五章では「多世界解釈」を紹介する。これは量子力学の教科書や入門書などでも紹介されていることがよくあるのでご存知の読者も多いだろう。状態の重ね合わせとは、異なる世界の重ね合わせのことであり、測定によってこれらの世界は分岐し、たがいに干渉することがなくなってしまう。このとき、観測者もそれぞれの世界に分岐してしまう。つまり、私が電子のスピンを観測すると、「私」が、スピンが右回りの世界にも左回りの世界にもそれぞれいるという不思議なことになってしまうというのである。

六章では、いくつかの重要な解釈をまとめて紹介する。多世界解釈のヴァリエーションとでもいうべき「裸の解釈」や「多精神解釈」、「単精神解釈」、「一貫した歴史解釈」を説明し、さらに「様相解釈」についてもごく簡単に説明する。

最後に七章では「現在の状態は、過去の状態と未来の状態の両方から決定される」とする解釈を二つ紹介する。はじめに紹介するのは「交流解釈」と呼ばれるものである。そしてつぎに紹介する解釈は筆者イチオシの解釈である。これは、「時間対称化された量子力学」という量子力学の形式を解釈したもので、名前はまだないが本書では「時間対称化された解釈」と呼ぶことにする。

9 もう少し正確に言うと、波長の整数倍＋波長半分だけずれているとき。

10 この論文をもとに、フランスの物理学者ジャン・ペランが実験を行い、アインシュタインの予想通りの結果を出し、それによって原子の存在が科学者たちに受け入れられることになったわけだから、この論文もかなりすごい業績である。一生のあいだに、この三本（正確には相対性理論についての論文がこの年に二本出ているので計四本だが）のうち一本でも書ければ科学史に残る科学者となるだろう。

11 ちなみに、ソルボンヌ大学に提出した博士号申請論文でド・ブロイは物質波について述べたのだが、審査員がこの理論を理解できず、そのうちの一人がアインシュタインに意見を求めた。アインシュタインはこの論文を読んで「ド・ブロイはノーベル賞をとるだろう」と言ったのだが、じっさいにド・ブロイはその五年後にノーベル賞を受賞した。

12 たとえば、コリン・ブルース著『量子力学の解釈問題』（講談社ブルーバックス）の九章を参照のこと。

13 これは、さきほども述べたが、検知器を置くか置かないかの実験でも同じことが言える。つまり、経路Ⅱ

の途中の地点に、そこを光が通る直前に検知器を置いて光が検出されたならば、置く直前までは経路Iと経路IIを同時に通っていたのに、それが過去をさかのぼって経路IIのみを光が通ったということになる。ただ、この実験のほうがそれを劇的に示すことができるということである。

14　そのほかにも、同時に確定した値をもたない物理量の組は存在する。二つの物理量が「たがいに非可換」といわれる関係を満たすと、これらは同時に確定した値をもたない。

第三章　不可思議な収縮の謎を解け

シュレーディンガーの猫

本章では、「状態の収縮」を認め、それがいつ・どのようなメカニズムで起きるのかについて説明しようとする理論について紹介する。

はじめて明確な形でこの問題を議論したのはジョン・フォン・ノイマンという数学者である。かれは状態の収縮が「人間の意識」によって行われると考えた。もともとフォン・ノイマンは量子力学を数学的に基礎づけようとしていたのだが、状態の収縮だけは量子力学の枠内では説明できなかった。

では、状態の収縮はどこで生じているのか？　測定器も原子や分子からできている以上、量子力学で記述できなければならないから、測定器と測定される系との相互作用で生じるというわけではない（とかれは考えた）。では、眼の網膜や視神経に到達したときだろうか。しかし、これらも突き詰めると原子・分子からできているわけだからやはりこの時点でもないだろう。となると、物理学では記述できない（であろう）意識によって収縮が起こるのではないかと推測したのである。ちなみに、以上の議論からもわかるように、かれは、意識（心・精神）は物質とは別のものであるという「物心二元論」と哲学ではいわれる立場をとっている。

図３－１：箱の中の猫は生きてもいないし死んでもいない？

このフォン・ノイマンの議論に対して、シュレーディンガーは「いや～、そんなのおかしいやろ～」と言って、有名な「シュレーディンガーの猫」と呼ばれる思考実験を提示した（図３－１、注15）。

いま開閉式の窓が取り付けられている箱を用意する。この箱の中の様子は窓を開けて覗かないとわからない。この箱には放射性物質が入れられる。放射性物質とは、自然に放射線（高エネルギーの電磁波）を発生する（このことを「崩壊」という）物質のことで、原子炉などで使われるウランやプルトニウムなどのことである。放射性物質の崩壊過程は量子的な現象なので、放射性物質がいつ崩壊するかは確率的にしかわからない。

さて、この箱には、猫も入れ、さらに、放射性物質が崩壊すると毒薬が発生される装置も入れる。毒薬が発生されるとあわれな猫は死んでしまう。前述したように、放射性物質がいつ崩壊するかはわからないので、この装置からいつ毒薬が発生されるかもわからない。

そうすると、ある時刻に猫が生きているか死んでいるかを知るためには、窓を開けて中を覗くしかない。もし、人間の意識によってはじめて状態が収縮するならば、

猫の生死も、だれかが箱の中を覗くまで決定していない

ということになる。すなわち、窓を開ける前は、猫が生きている状態と死んでいる状態が重ね合わさったままだということになる。しかし、それは誰しもばかばかしいと思うだろう。

ちなみに、シュレーディンガーがこの思考実験を思いついたきっかけは、量子力学に不満をもっていたアインシュタインがシュレーディンガーに宛てた手紙であるという。そこにアインシュタインは、量子的な現象が原因で爆発する爆弾を想定して、「爆発した爆弾」と「爆発していない爆弾」の重ね合わせ状態を考えるなんて正気の沙汰じゃないと書いていたそうだ。

現在では、状態の収縮を認める立場でも、測定装置の段階で状態の収縮が起きているだろうと考えるのが主流である。つまり、猫が生きている状態と死んでいる状態が重ね合わさっているとは考えない。では、いかにして状態の収縮が生じるのだろうか。本章の残りはこの問題を解く試みについて紹介する。

そもそも測定ってどういうこと？

そうした試みのなかで重要なものの一つは、ジアン・カルロ・ジラルディ、アルベルト・リミニ、トゥリオ・ウェーバーという三人の物理学者によって提案されたGRW理論である（注16）。このGRW理論がどのような理論なのかを説明する前に、いま私たちが考えている問題とはもう少し正確にはどのようなものなのかをクリアにしておこう。そのためには、そもそも「測定（観測）」とはいったいどういう行為なのかを考えなければならない。

具体例として電子のスピンの測定を考えよう。いま図3－2のような電子のスピンを測定する測定器を用意する。この測定器に右回りスピンと左回りスピンが重ね合わさった状態（|右回り〉電子＋|左回り〉電子）の電子を入れてみよう。このとき、測定器の目盛り（▲）が「右回り」のところへ動くと、それを見て私たちは「この電子のスピンは右回りだ」とい

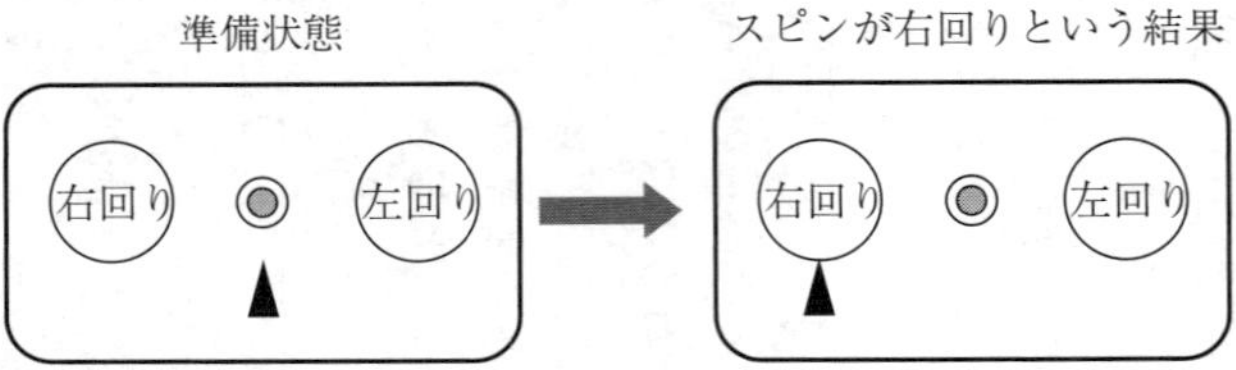

図３－２：スピンを測定するとはどういうことか？

うことを知る。これが「測定」である。つまり、測定とは、

マクロな物質である目盛りの「位置」を読み取ることなのだ。そのためには、マクロな物質（目盛り）の位置は明確でなければならない。つまり、いま解くべき問題は、

なぜ、ミクロな物質は明確な位置（状態）にないのに、マクロな物質はつねに明確な位置（状態）にあるのか

という問題である。

これを「観測問題」といい、観測問題を解くための理論を「観測理論」という。

ところで、このとき、測定器の目盛りが「右回り」を指したということは、電子のスピンが右回りだということだから、スピンの状態も$|\text{右回り}\rangle_{\text{電子}}$に収縮している（ちなみに、スピン

の状態が収縮していても電子の位置の状態が収縮しているわけではない）。ここで、「測定器の目盛りが「右回り」を指し、かつ電子のスピンが右回りである」という状態を、

$$|\text{「右回り」}\rangle_{\text{目盛}}\,|\text{右回り}\rangle_{\text{電子}} \qquad (3-1)$$

と書く。もちろん大前提として測定器は正しく、目盛りが「右回り」を指したということは電子のスピンが右回りであるということであり、$|\text{「右回り」}\rangle_{\text{目盛}}|\text{左回り}\rangle_{\text{電子}}$のような状態にはならないものとする。

すると問題は、次のようにも言い換えられる。すなわち、なぜ測定をすると、

$$|\text{「右回り」}\rangle_{\text{目盛}}\,|\text{右回り}\rangle_{\text{電子}} + |\text{「左回り」}\rangle_{\text{目盛}}\,|\text{左回り}\rangle_{\text{電子}} \qquad (3-2)$$

ではなく、（3－1）のような状態になるのか、もしくは、なるように感じるのかということである。

ヘタな鉄砲も数撃ちゃ当たる？

では、ＧＲＷ理論はどのようにしてこの問題を解決するのだろうか。まず、ＧＲＷ理論とは、量子力学を少しだけ修正したものである。すなわち、ミクロな物質は基本的には量子力学に従っているのだが、

きわめて長い時間のあいだに一回程度の頻度で位置の状態が収縮する（つまり、明確な位置をもつ）

のである。この「収縮」は測定には関係ない完全にランダムな出来事である（だから通常の量子力学でいう状態の収縮とはちがう）。ただし、そのミクロなレベルでの収縮がなぜ・どのように起こるのかのメカニズムはとりあえず不問にする。ＧＲＷ理論によると、このような修正を行うことでマクロな収縮は解決できるという。なぜだろうか。

たとえば原子はミクロな物質だから、（ＧＲＷ理論の前提より）それが偶然にどこか明確な位置にあるというのはかなり低い確率でしかない（つまり、通常は位置の重ね合わせ状態にある）。ところが、眼で見えるような大きさの物質は一億個の一億倍のさらにまた一億倍以上というとんでもない数の原子から成り立っている。すると、一個一個は、きわめて長

い時間で一回程度しか収縮しなくとも、これだけあれば、

マクロな物質を構成している原子のうちどれか一個はつねに、状態が収縮している
（明確な位置をもっている）

ことになる。これが、マクロな物質がつねに明確な位置をもつ理由である。どういうことだろうか？

さきのスピン測定器を考えよう。いま測定器の目盛り（▲）を構成している原子それぞれに1、2、3、4、……、Nと番号を振ろう。Nは目盛りを構成している原子の数で、さきほども述べたように莫大な数である。さらに、たとえば番号1の原子が測定器の「右回り」の位置にあるとき$|\text{「右回り」}\rangle_1$と書く。すると、測定器の目盛りが「右回り」の位置にある（$|\text{「右回り」}\rangle_{\text{目盛}}$）とは、

$$|\text{「右回り」}\rangle_{\text{目盛}} = |\text{「右回り」}\rangle_1 |\text{「右回り」}\rangle_2 |\text{「右回り」}\rangle_3 \cdots\cdots |\text{「右回り」}\rangle_N \quad (3-3)$$

と表現できる。これは|「右回り」$\rangle_{目盛}$という状態が|「右回り」$\rangle_1$と|「右回り」$\rangle_2$と|「右回り」$\rangle_3$と……と|「右回り」$\rangle_N$のかけ算で表現できるということだと思ってよい。|「左回り」$\rangle_{目盛}$についても同じである。こうして、（3－2）は、

|「右回り」$\rangle_1$|「右回り」$\rangle_2$|「右回り」$\rangle_3$……|「右回り」$\rangle_N$|右回り$\rangle_{電子}$
＋|「左回り」$\rangle_1$|「左回り」$\rangle_2$|「左回り」$\rangle_3$……|「左回り」$\rangle_N$|左回り$\rangle_{電子}$　（3－4）

と書ける。そして、目盛りを構成する原子の数はとほうもないので、つねにどれかひとつは収縮しているのだった。たとえば、いま原子1が|「右回り」$\rangle_1$に収縮しているとすると、原子1は|「左回り」$\rangle_1$の状態にはないのだから、この部分は0となる。0になにをどれだけかけても0になるから、（3－4）式の第二項は0になってしまう。それゆえ、状態は、

|「右回り」$\rangle_1$|「右回り」$\rangle_2$|「右回り」$\rangle_3$……|「右回り」$\rangle_N$|右回り$\rangle_{電子}$
（＝|「右回り」$\rangle_{目盛}$|右回り$\rangle_{電子}$）　（3－5）

と収縮することになる。こうして、

ミクロな物質は明確な位置にないのにマクロな状態はつねに明確な位置にある

ということをGRW理論によって説明できた。めでたし、めでたし。

シュレーディンガーの猫の思考実験も同様にして解決できる。猫まで行く前に、毒薬発生装置がすでにマクロな物質なので、毒薬を発生させるためのトリガーを構成する原子のいずれかが毒薬発生の位置に収縮すれば毒薬が発生するし、そうでなければ毒薬は発生しない。それゆえ、だれかが箱のなかを覗くまでもなく、猫は生きているか死んでいるかの明確な状態にあることになる。

測定器だけではなく一般的なマクロな物質に関しても、それが明確な位置をもつのは、それを構成している原子のどれかが明確な位置をもっているからだということで納得がいくだろう。

目盛りの位置で測定しない場合は？

しかし、ＧＲＷ理論には問題がある。たとえば、二章の二重スリット実験を思い出してみよう。光子一個を打ち込むと、スクリーン上のある点（これを点Ａと名づけよう）が光るとしよう。すると、それを見て、私たちは光子が点Ａに到達したことを知る。すなわち、光子の位置が収縮したということだ。このとき、いったいなにが起こっているのだろうか。

点Ａを含めその周辺にあるスクリーン上のいくつかの原子に含まれている電子は、光子が到達したことによってエネルギーを与えられる。しかし、それらの電子はすぐに与えられたエネルギーを放出する。このとき、放出されたエネルギーは光となって、点Ａが光るのである。つまり、ここでは、測定器（スクリーン）中の原子などのミクロ物質の位置が収縮するという過程はない。ここで起きていることは、エネルギー状態の変化である。

言い換えると、スクリーン上の原子ひとつの位置が点Ａに収縮しようが、点Ｂに収縮しようが、測定結果とは無関係である。「測定とは目盛り（この場合はスクリーン上の光った点）の位置を読み取ることである」というのはこの場合でも正しいが、その際に測定器を構成する原子の位置が収縮する必要はないのである。だが、ＧＲＷ理論で仮定されているのは位置の収縮だけなので、この実験における測定器（スクリーン）で生じている状態の収縮は説明できない。

もしGRW理論でこの実験も説明しようとしたら、状態の収縮が生じる瞬間をもう少し後に延ばさなければならない。スクリーン上の光子が到達する可能性のあるすべての点から光が放出され（まだ状態が収縮していないから）、それがやがて網膜に到達し、視神経を通って脳にその情報が到達する。この過程のどこかで、点Aの光を見ているか、それ以外の点の光を見ているかを、十分な量の原子（やイオン）の位置関係によって区別できるのならば、GRW理論で状態の収縮が説明できるということになる。

だが、じっさいにそのようになっているという保証はないし、かりに人間はそうなっていたとしても、異星の知覚能力のある生物はそうなっていなかったとしたらどうだろうか？

また、デイヴィッド・アルバートは次のような思考実験を通してGRW理論を批判している。太郎は脳内に脳神経と特殊な仕方で結び付けられている測定器を埋め込まれたとしよう。この測定器は、電子のスピンを測定するためのものである。中にはある一つの粒子Pが入っていて、これが目盛りの役割を果たす（図3－3）。

測定前はPは◉の位置にある。いま電子を入口から入れると、Pは電子スピンに応じて右回りなら「右回り」へ、左回りなら「左回り」へ移動する。この測定器と太郎の脳は特殊な仕方で結ばれているので、太郎は、その結果を直接知ることができる。

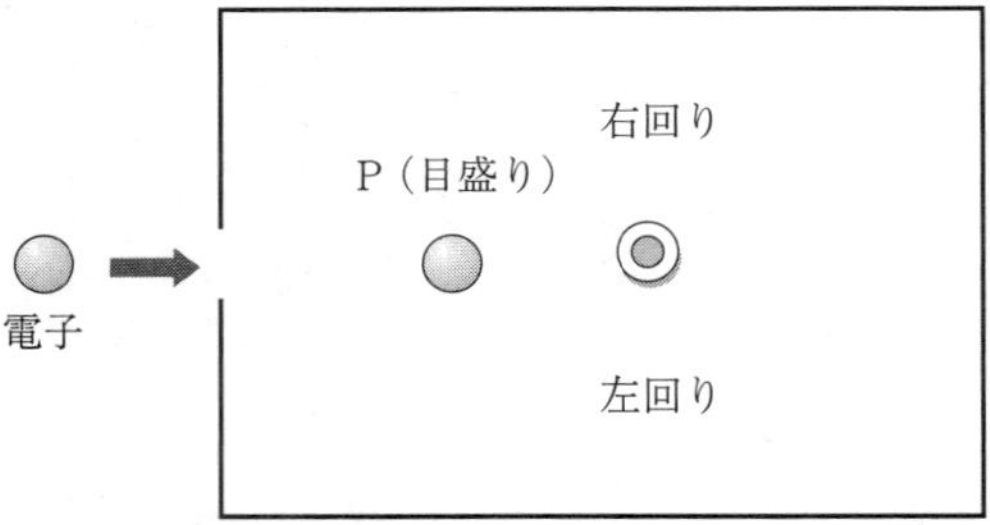

図3－3：アルバートの思考実験。入ってきた電子のスピンが右回りなら粒子Pが「右回り」、左回りなら「左回り」の位置へ移動し、目盛りの役割を果たす

つまり、この話のポイントは、「マクロな過程がなくても測定結果を知ることができる」ということである。もっとも、さきほどのスクリーン上の光の点を認識する話と同じで、「この電子のスピンは右回りである」という「判断」は、ある程度大きな数の原子やイオンの配置が必要となるかもしれない。しかし、繰り返すが、それが必要であるという保証は現在のところない。

収縮の生じるメカニズム

さて、かりに前記の問題が解決できたとしても、まだGRW理論には疑問が残る。というのも、GRW理論は、「ミクロな物質の位置がきわめて長い時間に一回程度の割合で収縮したならば」という前提が正しいとしたうえでの理論であるが、その収縮はなぜ生じるのかを解決しなければならない。

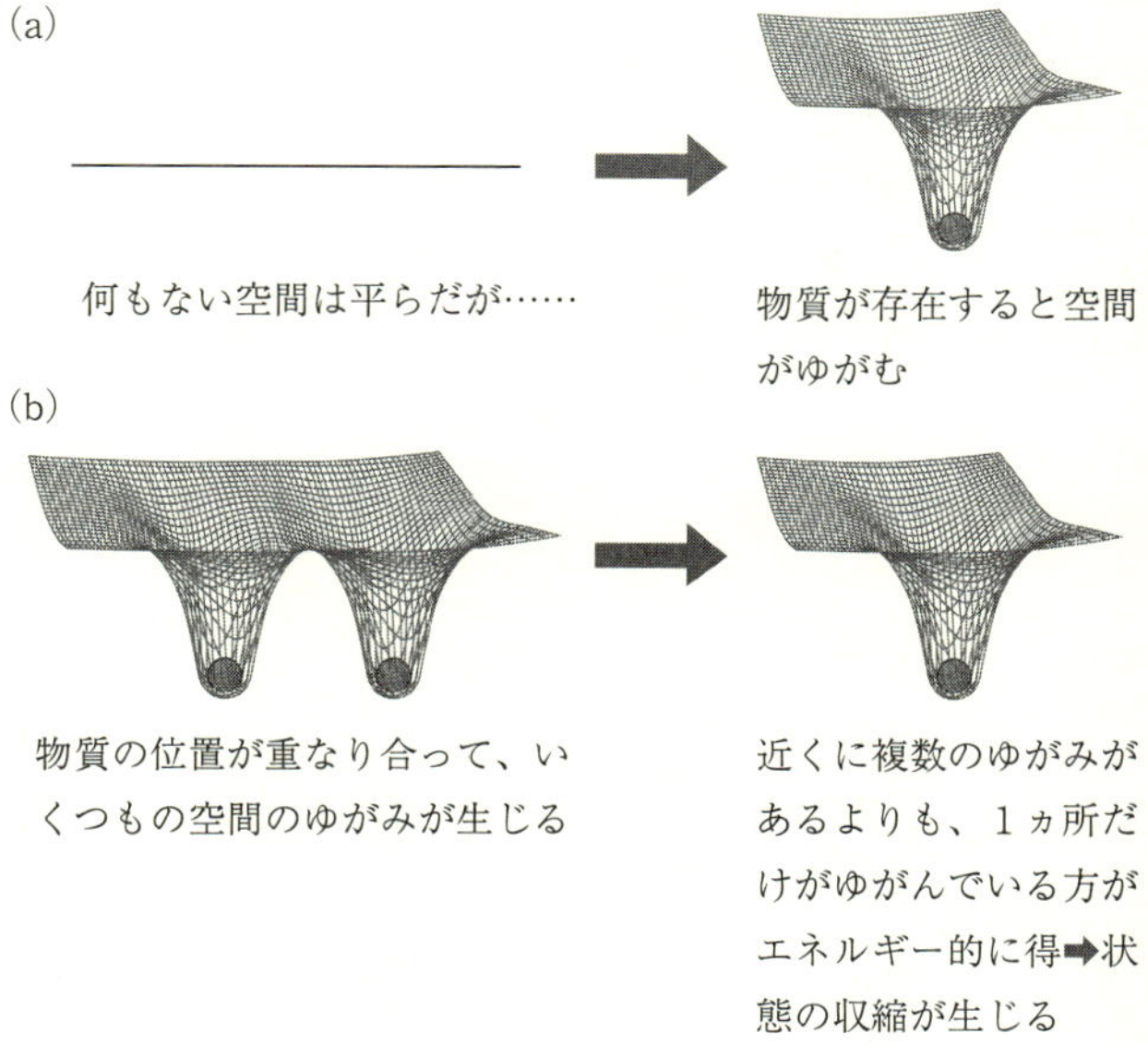
(a)
何もない空間は平らだが……
物質が存在すると空間がゆがむ
(b)
物質の位置が重なり合って、いくつもの空間のゆがみが生じる
近くに複数のゆがみがあるよりも、1ヵ所だけがゆがんでいる方がエネルギー的に得➡状態の収縮が生じる

図3－4：重力によって状態が収縮する

有名な物理学者のロジャー・ペンローズは重力による収縮を考えた（かならずしもGRW理論を意識しているわけではないかもしれないが）。まず、重力は、「万有引力」とも呼ばれるように、どのような物質でも、つまりミクロな物質でももっている。さらに、アインシュタインが作り上げた一般相対性理論によって重力というのは空間のゆがみであるということがわかっている（図3－4a）。

次に、ミクロな物質の位置が収縮していないということはどういうことかというと、その物質が位置している可能性のある空間それぞれが重力によってゆがんでいるということである。ところが、そのように空間のたがいに近い個所が複数にわたってゆがんでいる状態は（ひとつだけがゆがんでいる状態に比べて）不安定であることがわかっている。それゆえ、自然はゆがんでいる部分がひとつだけになるように変化する。それが（位置の状態の）収縮だというのである（図3−4b）。

ペンローズは、じっさいに収縮が生じるためには、重力のエネルギーがどれくらい必要で、収縮にどれくらい時間がかかるかなどを計算している。これは一般相対性理論の効果を取り入れるという意味で従来の量子力学とは異なる。ちなみに、一般相対性理論と量子力学の統合はまだなされておらず、そういう意味でもこのペンローズの理論は完全なものではない。

環境との相互作用が大事

ＧＲＷ理論以外に観測理論として注目されているのは、デコヒーレンス理論である。これは量子力学を修正するような理論ではなく、その分、物理学者たちからは（ＧＲＷ理論よりも）人気がある。なぜなら、現在、十分な成功を収めている量子力学をわざわざ修正しなくても収縮のメカニズムがあきらかになるのならば、そちらの方が経済的であるからだ。

ところで、量子力学の古典力学と異なる特徴として「粒子と波の二重性」を挙げた。そして二章で説明したように、他の量子力学の特徴もこの「粒子と波の二重性」と強く関係している。

ということは、もし粒子としての振る舞いと波としての振る舞いのどちらか一方の性質が消えてしまえば、それは量子力学的な系が古典力学的な系になったといえるのではないだろうか？　とくに、「物質」という観点から考えると、波的な振る舞いが消えて粒子的性質が残ったほうがよいように思える。というのも、二章で説明したように、そもそも波というのはなにか実体のあるものではないが、私たちがマクロの世界で目にしている「物質」は実体のあるものだからだ。

デコヒーレンス理論は、「環境」との相互作用で波としての振る舞いが消え、ミクロな物質が古典的な性質をもつようになるとする理論である。具体的には、波の特徴的な性質である「干渉性」がなくなってしまうということである。

ここで、デコヒーレンス理論の「デコヒーレンス」という意味について説明しよう。まず、「デ de」というのは、接頭辞で、「分離、除去、否定」などの意味がある。つまり、「デコヒーレンス」とは「コヒーレンスでなくなる」ということである。では、「コヒーレンス」とはなにか？

二章の図2－6（六二頁）を見てもらえれば、二つの波が干渉してきれいに打ち消し合うためには、これらの波の振幅と波長が等しくないとダメであることがわかるだろう。そのうえで、位相が一八〇度ずれていれば（注17）、完全に両者は打ち消し合う。もし位相が等しければ（注18）、強め合う。このように（図2－6の実線と破線の波のように）二つ以上の波が干渉しやすい関係にある場合に、たがいにコヒーレンスであるという（二つの波の場合でも使うが、それは今は気にしなくてよい）。

すると、デコヒーレンス理論とは、「量子的な波が干渉性をなくして、波としての振る舞いをしなくなり、古典的な粒子のように振る舞うようになる」という理論だということになる。

デコヒーレンスはどのようにして起こるか

デコヒーレンス理論では、「環境との相互作用」で波の干渉性がなくなる（デコヒーレンスする）とする。たとえば、ミクロな物質を測定しようとすると、どうしても測定器というマクロな物質と測定されるミクロな物質との相互作用が生じるので、デコヒーレンスが生じる。イメージとしては、水面の波も、何もない水面ではきれいな形を保ったまま伝播するが、途中で障害物があれば波がぐちゃぐちゃになってしまうのと同じようなものだと考えればよい。

デコヒーレンスが生じるのにかかる時間は、その物質の大きさが大きいほど（そして、はじめのその物質の状態の不確定さが少ないほど）速い。それゆえ、私たちが直接観測できるようなマクロな物質の状態は安定しているのである。

二章でも言及したように、いまではフラーレンという大きな分子でも干渉実験に成功しているが、大きい分、デコヒーレンスは起きやすい。じっさい、この実験に成功したツァイリンガーは実験を完全に真空ではない場所で行ったが、空気分子との相互作用によって干渉縞がぼやけることがあることを確認した。また光子を発する熱いフラーレンを用いた実験も行っていて、この場合でもやはり干渉縞がぼやけた。

これは逆に言うと、環境からの相互作用さえ極力排除すれば、もっと大きな物質でも干渉を起こしうるということでもある。これも二章ですでに述べたことだが、ツァイリンガーはウイルスでも干渉縞を観測してみたいと意気込んでいるそうだ。

さて、このようになかなかデコヒーレンス理論はよさそうであるが、これで収縮が説明できたと言えるのだろうか？　じつはデコヒーレンス理論には問題が二つある。

まず一つ目。じつは、デコヒーレンス理論では、

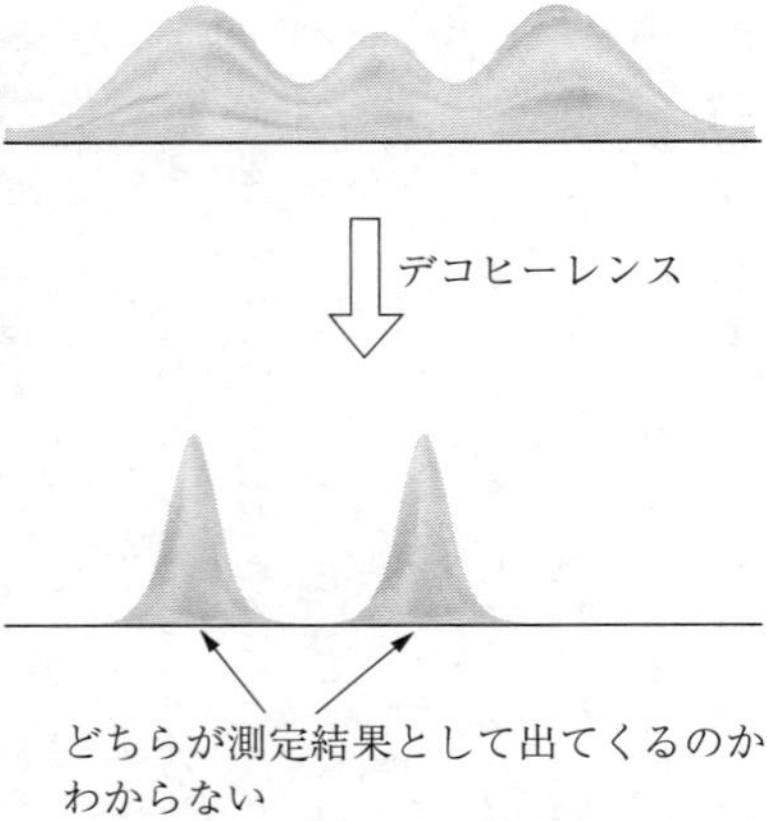
2つの波が干渉して1つの波になっている状態
干渉がなくなって2つの波に分かれた状態
どちらが測定結果として出てくるのかわからない

図3－5：干渉が消えても状態の収縮が説明されたことにはならない

干渉が完全に消えてしまうわけではない

このことは、定理として科学哲学者のアーサー・ファインによって証明された。この定理は後に、別のアプローチによっても証明されている。ただし、この残った干渉が実験結果などにどのような効果を及ぼすのかはわからない。もしかしたら観測にかかるほどの影響はない可能性もある。また、この定理を避けるような形でデコヒーレンスが生じることを示そうとする試みもある。

次に二つ目。かりに、異なった状態間の干渉が完全に消えるとしても、それだけでは状態が収縮したことにはならない。なぜなら、

	GRW理論	デコヒーレンス理論
どこまで説明できるか	完全な状態の収縮	状態間の干渉の抑圧
収縮のメカニズム	環境との相互作用がなくとも収縮が起きる可能性がある	環境との相互作用が重要

表2：ＧＲＷ理論 vs. デコヒーレンス理論

干渉がなくなったいくつかの状態のうち、実際の測定ではひとつだけが選ばれるわけであるが、その選択がどのように行われるのかは説明されていない

からだ（図3－5）。

これら二つの問題点に関しては、五章の多世界解釈のところでふたたび論じる。

ＧＲＷ理論 vs. デコヒーレンス理論

本章では、ＧＲＷ理論とデコヒーレンス理論の二つの観測理論を説明した。では、これら二つは実験などによって優劣をつけることはできるのだろうか。これら二つの理論の違いを表にまとめてみた（表2）。

とくに収縮のメカニズムの相違は実験的にこれら二つの理論の優劣を決定するのに使えそうだ。だが、じっさいには難しい。というのも、ＧＲＷ理論で仮定されているミクロな物質の収縮メカニズムとし

て有力なのは前述したように、重力の影響によるものであるが、重力による相互作用も「環境による相互作用」である。

それゆえ、重力以外の環境からの影響がないと思われるような場所で実験を行って収縮が生じたとしても、GRW理論に有利な結果にならない。なぜなら、それは重力と系の相互作用によりデコヒーレンスが生じた結果かもしれないからだ。

一方、たとえば、自由落下によって重力の効果を局所的に消し去りかつその他の環境からの影響を取り除いた実験を行い、収縮が見られなかったとしてもデコヒーレンスだけに不利な結果とはならない。なぜならGRW理論も収縮のために重力が必要であるからである。

では、重力の効果を消去したうえで環境からの相互作用があるような実験を行い、収縮が見られたらデコヒーレンス理論に有利ではないだろうか？　だが、「重力で収縮が生じる」という主張は、GRW理論という大きな枠組みの中にある、収縮のメカニズムを説明するための一つの仮説であるにすぎない。それゆえ、そのような結果が出ても、重力が収縮を生じさせるメカニズムではなかったということで、GRW理論の本質的な部分が反証されたわけではない（そういう意味では、重力の影響もそれ以外の環境からの影響もない状況で収縮が見られたら多少はGRW理論に有利なのかもしれない……。だが、決定的ではない）。

このように考えると、デコヒーレンス理論とGRW理論の優劣を実験でつけるのは難しそうだ。また、もしかしたら、どちらか一方だけが正しいのではなく、どちらも収縮に影響があるのかもしれない。デコヒーレンス時間の方がGRWメカニズムによる収縮よりも早ければ、デコヒーレンスは収縮においてある程度の役割を演じるが、GRWメカニズムによる収縮の方が早ければ、デコヒーレンスの出番はない。

ところで、前述したように、デコヒーレンス理論は、状態の選択の説明は行わず、たんに状態間の干渉の抑圧のメカニズムを教えてくれるだけである。しかし、それが逆に、ほかの解釈に対して応用される可能性を残している。多世界解釈でデコヒーレンスの果たす役割は五章で説明する。

測定による収縮は実験で証明できるか

ところで、測定によって収縮が起こるかどうかをなんとか実験で確認する方法はないのだろうか。

シュレーディンガーの猫の実験において用いた放射性物質が実験開始時には、

｜非崩壊〉　　　　　　　　　　　　　　　　　（3－6）

という状態にあったとしよう。これは開始直後に

｜非崩壊〉＋｜崩壊〉　　　　　　　　　　　　（3－7）

という重ね合わせ状態になる。そして、開始から時間が経つにつれ、崩壊する確率は高くなっていく。つまり、時間が経つにつれ測定したときに崩壊していない確率は低くなっていく。

さて、開始してまだそれほど崩壊確率が高くないときに測定して、崩壊していなかったとしよう。ここで測定による状態の収縮が生じたならば、

｜崩壊〉＋｜非崩壊〉→｜非崩壊〉　　　　　　（3－8）

となり、また（3－6）の状態から仕切り直しになる。そして、またあまり崩壊確率が高くないときに測定して崩壊していなければ、やはり（3－6）の状態になる。このような

ことを繰り返すと、

実験開始から十分に時間が経って、途中で測定をしていなければ崩壊確率が十分に高いはずであっても、じっさいは崩壊確率が低いままに抑えられる

という現象が起きるということが数学的に証明されている。これを「量子ゼノン効果」という。

ここで、有限の時間内に、無限に短い測定間隔で無限回の測定を行うと、崩壊せずに元の状態を保つ確率が1になることも数学的に証明されている。それゆえ、猫も死なないで済むというめでたい結果になる。これを「量子ゼノン・パラドクス」と言う。ある確率で起こるはずの崩壊の確率が0になってしまうので、「パラドクス」の名が冠せられている(注19)。

実験では、もちろん量子ゼノン「効果」のほうを確認することになる。そして、一九九〇年にウェイン・イタノらのグループは量子ゼノン効果を実験によって確認し、状態の収縮が生じていることを確かめたとしたが、理論的には、この実験で得られたのと同じ結果が、状態の収縮を仮定せずとも(量子力学の枠内だけで)得られるという反論もある。

並木美喜雄とサヴェリオ・パスカッチオらは、一般に量子ゼノン効果がじっさいに生じたとしても、状態の収縮を仮定せずに説明できることを示した。つまり、「状態の収縮がある」⇒「量子ゼノン効果が生じる」はよいが、「量子ゼノン効果がある」⇒「状態の収縮がある」ではないのである。

ちなみに、「量子ゼノン効果がじっさいに生じたとしても、状態の収縮を仮定せずに説明できることを示した」とは、本書の四章以下で紹介するような「解釈」を用いることで状態の収縮を仮定せずに量子ゼノン効果を説明できたということではなく、数学的に状態の収縮を仮定せずに説明できたという意味である。専門的に言うと、密度行列の非対角成分――干渉項と呼ばれる――が残っていても量子ゼノン効果が説明できるという意味である。ついでにこの言葉を使って先ほどのデコヒーレンス理論の一番目の問題点を述べると「干渉項が完全には消えない」ということである。

15 断るまでもないが、こんな残酷な実験はじっさいには行われない。あくまで思考実験である。

16 GRWはジラルディ（Ghirardi）、リミニ（Rimini）、ウェーバー（Weber）の三人の頭文字をとっている。

17 正確に言うと、三六〇度の整数倍＋一八〇度。
18 正確に言うと、三六〇度の整数倍。
19 なぜ、「ゼノン」という名がついているかというと、古代ギリシヤの哲学者ゼノンが考えたパラドクスと似ている点があるからである。このオリジナル版のパラドクスについてはたとえば野矢茂樹著『無限論の教室』（講談社現代新書）などを参照のこと。

第四章　粒子も波もある

ふたたび、粒子か波か

前章でも述べたように、デコヒーレンス理論は「干渉の消失（抑圧）」を説明するという点については成功した理論であるが、干渉が消失したうえで、たとえばスピンの右回りと左回りのどちらを選択するのかという点になるとなにも言えなくなる。それゆえ、状態の収縮の説明に成功したとは言い難いのであった。また、GRW理論もやはり状態の収縮のメカニズムをあきらかにしたとは言い難かった。

そこで、本章も含め、本書の残りの部分では、「状態の収縮を仮定しない解釈」について紹介していこう。その第一弾が「軌跡解釈」である。

この解釈は、もともとはド・ブロイが提唱したものであり、それが一九二〇年代のことである。しかし、他の学者たちからの批判を浴び、やがてド・ブロイ自身がこれを捨てたのだが、一九五〇年代にデイヴィッド・ボームが再発見し、さらに一九八〇年代にジョン・ベルが発展させた。ベルは、一章で出てきた「ベルの不等式」を導出した人物である。

ちなみに、軌跡解釈には他にも「存在論解釈」「因果解釈」「パイロット波解釈」「ボーム解釈（力学）」「ド・ブロイ-ボーム解釈（力学）」などという呼び名がある。本章で用いる「軌跡解釈」という呼び名や「存在論解釈」という呼び名は、粒子が実在すると解釈することを強調した呼び名である。「因果解釈」という呼び名は、因果的に粒子の運動を記述できるということを強調した呼び名である。もちろん、因果的に粒子の運動（軌跡）を記述できることと、粒子が実在する（それゆえ測定していないときでも明確な軌道を描く）ことは強く関係する。「パイロット波解釈」とは粒子がどう運動するかを導いてくれる波（パイロット波）があるとすることを強調する呼び名である。残りの「ボーム解釈」「ド・ブロイ－ボーム解釈」は言うまでもなく、提案者および再発見者の名を冠した呼び名である。

さて、軌跡解釈の中身について語る前にいくつか説明しておかなければならないことがある。まずは、量子力学の基本方程式であるシュレーディンガー方程式にあらわれる「波動関数」というものについてだ。たとえば、「時刻tにおいて電子Aのスピンが右回りであるときの波動関数」というものを計算することができたとして、これを自乗すると、時刻tでスピンが右回りになる確率が計算できる（これが「ボルンの規則」である）。

このとき、じっさいに時刻tでスピンを測定したときに右回りになっていれば、それ以降は（状態が変化しないとして）スピンが右回りである確率は1ということになる。すると（波動関数の自乗が確率をあらわしていたのだから）、測定によって波動関数の形も不連続に変化したということである。この不連続な変化はシュレーディンガー方程式では記述できない

(a)

(b)
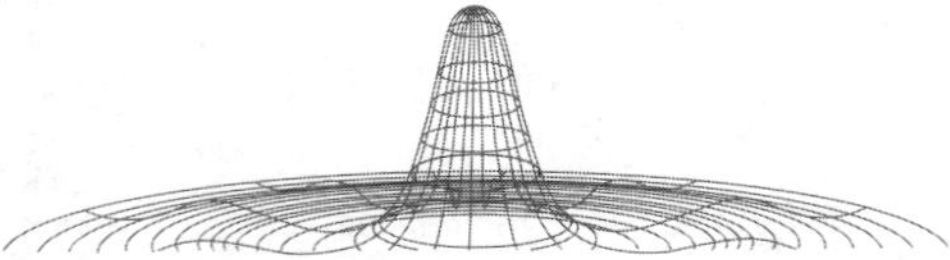

図4－1：普通の波と局在波
a. 普通の波は空間的に広がっている
b. 局在波は狭い領域に波が閉じ込められている

(もし記述できるとすると、物理量の測定値を一意的に予測できるということである)。

これって、どこかで聞いた話だ。そう、状態の収縮と同じ話である。このような波動関数の変化を「波動関数の収縮」とか「波動関数の崩壊」とかという。

さて、前記のように、ボルンの規則とともに用いると、波動関数は、量子力学を実際に用いて自然現象を説明したり、(確率的にではあるが) 予測したりするときに有用なものである。しかし、波動関数とはなんなのかと問うとこれが難しい。量子力学による説明や予測に便利なただの「道具」なのか、世界に実在する「なにか」を表現したものなのか。

シュレーディンガー自身は、波動関数は

実在する波をあらわすと考えていた。つまり、シュレーディンガーは、ミクロな物質は波であると考えていたのである。しかしそうだとすると、粒子的な振る舞いはどう説明するのだろうか?

波はふつう、図4－1aのように空間的に広がっている。しかし、「局在波」といって、狭い領域に収まっている波もある（図4－1b）。

このような局在波が粒子（のように見えるの）だとすればよいのではないだろうか。だが、そうだとしても問題がある。光一個分の強度で二重スリットの実験を行ったとき、二章で述べたように、スリットを通った光がスクリーンにぶつかる直前までは空間的に広がった波である（として振る舞う）と考えなければならない。するとスクリーンに衝突すると同時に、スクリーンの一点（もしくはその一点を含めた狭い領域）に局在化するということになる。これは光を超えた速度で生じる現象と思われるので、そうすると相対性理論の要請を破ることになってしまう。一章で非局所相関があっても相対性理論が破られていない可能性に言及したが、この場合は確実に相対性理論の要請を破ることになる。

粒子は波に乗って

かといって、「同じものが粒子でも波でもある」としてもなにかすっきりしない、とい

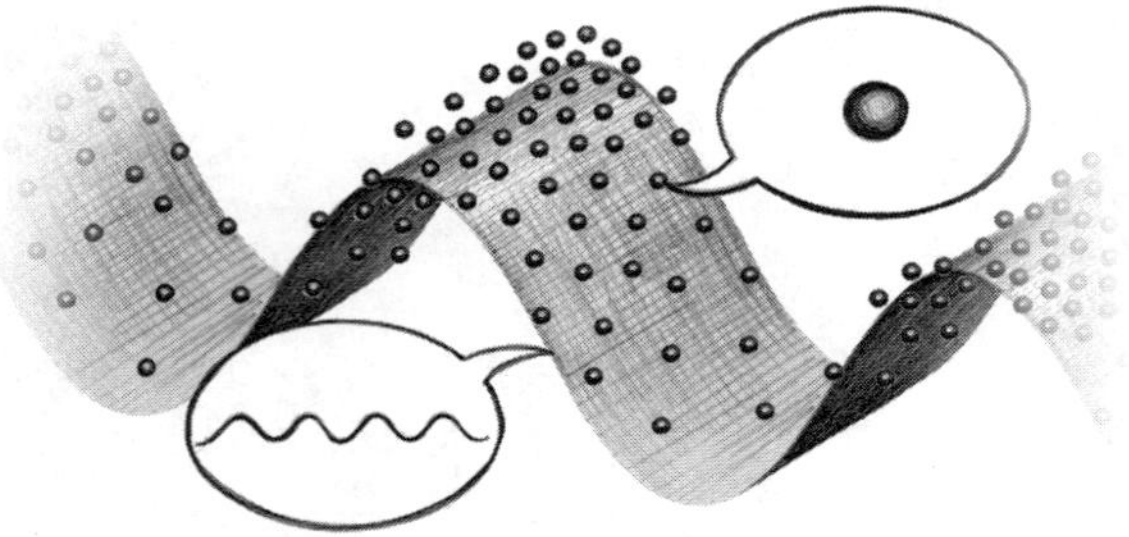

図４－２：光子はガイド波に乗って動く。ガイド波の密度が高いところに粒子が多く、低いところには粒子が少ない

うのが私たちの悩みであった。ではどうすればよいのか。ド・ブロイの回答は、

粒子もあるし波もある

というものである。波動関数はじっさいに存在する波をあらわすのだが、これは「ガイド（パイロット）波」と呼ばれる。そして、たとえば光の場合なら光の正体は粒子であり、このガイド波に導かれて光の粒子（光子）が動くのである。光子はガイド波の密度が高いところにいる確率が高く、密度の低いところにはいる確率が低い（図4―2）。

これで測定していないときは波として振る舞い、測定すると粒子として振る舞うかのように見えるのが理解できる。光の波としての振る舞いはじっさいにガイド波という波の振る舞いなのであり、光の正体は粒子である。

しかも、その粒子は決定論的な法則に従って運動する。

光子一個を用いた二重スリット実験でも（その実験を多数回繰り返したときに）干渉縞が見られるのはガイド波が干渉縞を作っていて、その干渉縞の密度の高いところに多くの光子が到達するからである（決定論であるのに毎回の光子の到達位置が異なるのは、同じ実験をやっているつもりでも初期状態が微妙に異なるからである）。一回一回の実験ではスクリーン上に点しかあらわれないのは、光の正体が粒子だからである。スリットの一方を防いだり、検知器を置いたりすれば干渉縞があらわれなくなるのは、ガイド波の干渉性がなくなるからである。

こうして、粒子は測定していないときにも明確な軌道上を決定論的に運動しているという描像でありながら、なおかつ実験結果も説明できるという私たちが望んでいた描像が得られた。しかも、たんに「粒子は決定論的に動いているとしても説明できますよ」というだけの話ではなくて、その粒子が従うべき運動方程式も具体的にちゃんとある。そして、その運動方程式も無理やりでっちあげたものではなくて、シュレーディンガー方程式をちょっといじってやればわりと自然なやりかたで導けるのだ。これを「先導方程式」と呼ぶ（注20）。

しかし、そうやってちゃんと粒子の運動を定めてくれる方程式までわかっているのだったら、それを使って一意的な予測をして実験結果と比べれば軌跡解釈が検証できるんじゃないの？　という疑問がわくだろう。

たとえば、あるガイド波のもとで、ある位置にある粒子がその後どのような軌跡を描くかを先導方程式を用いて予測したとしよう。これは従来の量子力学ではできない予測である。しかし、いざそれを検証しましょうという段階になると、その予測に用いた初期条件通りの位置に粒子を置くことは量子力学の制約上不可能である。もちろん、位置がわかっている粒子を使って、それを初期条件として予測したらどうかという話になるわけだが、これもまた量子力学の制約上、誤差なくぴたりと粒子の位置がわかることはない。

結局、軌跡解釈は従来の量子力学とはたしかに異なる予測をするのであるが、それを検証することは現実的に言って不可能なのだ。軌跡解釈は「隠れた変数理論」の一種とされるが、「隠れた変数」にあたるのは「粒子の初期位置」ということになる。

ちなみに、統計的な実験の予測は通常の量子力学を用いてなされるものと一致するようになっている。それはさきほども言ったように、先導方程式ももともとはシュレーディンガー方程式から出てきたものだから、不思議なことではないだろう。

NO-GO(ノー・ゴー)定理

しかし、軌跡解釈のような「本当は決定論的だけど、私たちが無知なだけだよ」という考えかた（隠れた変数理論）は否定されたのではなかっただろうか？　たしか、ベルの不等式を破っていると隠れた変数がないということ（これを「ベルの定理」という）で、そしてアスペの実験でベルの不等式が破れていることが検証されたとか一章では言ってなかっただろうか？

じつは、ベルの不等式を導いた当のベルが支持していることからもわかるように、軌跡解釈はベルの不等式を破っちゃってもよい、隠れた変数理論なのである。

ところで、ベルの定理のような隠れた変数の存在を否定する定理のことをＮＯ－ＧＯ定理という。ここですこしわき道にそれるが、ＮＯ－ＧＯ定理についての話をしよう。

ＮＯ－ＧＯ定理の走りとでもいうべきものは、フォン・ノイマンによって一九三二年に与えられた。ところが、かれは定理の証明の際に、「それってあきらかに正しいよね」とは言えない前提を置いていたので不満足なものであった。この欠陥を指摘したのはベルであり、その前提が満たされない場合がある具体例も示した。

またベルは、「グリーソンの定理」という定理からＮＯ－ＧＯ定理が導かれることを示し、そこからさらに一九六七年にはサイモン・コッヘンとアーネスト・スペッカーが「コッヘン－スペッカーの定理」という有名なＮＯ－ＧＯ定理を証明することになる。いま述べたように、「コッヘン－スペッカーの定理」へ至る道においてベルが果たした役割が大きいので、この定理は「ベル－コッヘン－スペッカーの定理」と呼ばれることもある。

さて、この「コッヘン－スペッカーの定理」はあらゆる隠れた変数がありえないと言っているわけではない。かれらが証明したのは、

（KS1）量子力学的系における物理量は測定していないときでも明確な値をもっている

（KS2）もし量子力学的系における物理量が明確な値をもっているならば、測定状況とは独立に明確な値をもっている

（KS3）量子力学は経験的に正しい（実験と整合的である）

の三つが同時に満たされることがないということである。KS1は要するに、「隠れた変数理論」と呼ばれるものがすべて満たすべき条件である。

問題はKS2で、この条件を満たすことを「状況依存性がない（状況から独立である）」という（注21）。だが、この条件も別にむずかしいことを言っているわけではなくて、一見、当たり前のことを言っている。

たとえば、ある特定の状況下でスピンがいつでも明確な値をもっているのだったら、別

のどんな状況下でもやはりスピンという物理量は明確な値をもっている、ということである。そりゃそうだろうという気がしますね。ところが軌跡解釈にとって、この条件KS 2が重要になってくる。そのことについてはまた後で説明する。

また、KS 3について注意しておくと、量子力学が経験的に正しいということと量子力学が不完全であるということは両立する。つまり、「量子力学は経験的に正しいが不完全である」ということはありうる。言い換えると、量子力学はまちがった予測や説明をしないが、それ以上のことを言える（たとえば確率的にではなく一意的な予測ができる）理論が存在するということである。

だからコッヘン－スペッカーの定理は、「量子力学はじつはまちがっていて（KS 3の否定）、物理量は状況から独立にいつでも測定前に明確な値をもちますよ（KS 1、KS 2の肯定）」という理論も論理的にはありうるということも言っていることになる（前記三つの条件が同時に満たされる理論はないと言っているのだから、そのうちのひとつであるKS 3が満たされていなければ、KS 1とKS 2を満たしている理論があってもよい）。だが、量子力学の経験的な成功はかつてないほどなので、ふつうは（まともな理論として扱われる限りにおいて）そのようなもの（KS 3を否定するようなもの）はない。

さて、では、コッヘン－スペッカーの定理とベルの定理はなにがちがうんですか、とい

う話になるわけであるが、ベルの定理は

（B1）量子力学的系における物理量はいつでも明確な値をもっている
（B2）量子力学的系においては局所的な相関しかない
（B3）量子力学は経験的に正しい

の三つが同時に満たされることがないことを主張している。KS2とB2が異なるのだ。つまり、コッヘン－スペッカーの定理は、量子力学が経験的に正しいという前提（KS3）のもとで「状況から独立な隠れた変数理論は存在しない」ということを言っていて、ベルの定理は、量子力学が経験的に正しいという前提（B3）のもとで「局所的な隠れた変数理論は存在しない」ということを言っているのである。これは言い換えれば、

「量子力学の経験的正しさを認めつつ、状況に依存し、かつ非局所的な隠れた変数理論」ならば存在してもよい

わけである（もちろん、さきほども述べたように、量子力学がじつはまちがっていて……というのも論理

的にはありうるが）。そして軌跡解釈はそのような隠れた変数理論なのである。

軌跡解釈と状況依存性

さて、では、軌跡解釈はどのようにしてコッヘン－スペッカーの定理を避けることができるのだろうか。まず、すでに述べたように、標準的な解釈ではミクロな物質は粒子と波の二重性をもつとするところを、軌跡解釈では粒子だとするのであった。

ところで、粒子のもつ物理量のうちでもっとも基本的と思われるものはなんだろうか。いろいろな意見があるかもしれないが、素朴に考えると「位置」ではないだろうか。スピンだとかの物理量が測定していないときに存在しなくても、その粒子自体は存在できそうであるが、位置という物理量が測定していないときには存在しないということは、「測定していないときはその粒子はどこにもない」ということになってしまう。また、三章でも議論したように、測定という行為はなんらかの位置を読み取る行為である。

このように、位置というのはもっとも基本的な物理量であるように思える。そして、じっさい軌跡解釈でも位置をもっとも基本的な物理量とみなし、位置については状況に依存せずいつでも明確な値をもっているのである。しかし、その他の物理量——たとえばスピン——の値は

状況に依存して明確な値をもつかどうかが決まる

ということにする。

おおざっぱな言いかたをすると、スピンの値がちゃんと測定できるような状況のときにはスピンはつねに明確な値をもつし、そうでないときは明確な値をもっていない。

この辺りのことを、もう少しくわしく見ていこう。ポイントは、スピンが右回りなのか左回りなのかという測定結果はなんらかの位置として表現されるということである（このことはＧＲＷ理論でも重要であった）。

図４－３のような測定器を考えてみる。この測定器では、左側の入口から電子が入り、スピンが右回りなら○の出口から、左回りなら△の出口から出てくるようになっている。つまり、スピンの測定結果は、測定器のどちらの出口から出てくるのかという位置情報で私たちに知れるのである。

軌跡解釈においては「位置」がもっとも基礎的な物理量であることを見るために、次のような実験をしてみよう。いま、この測定器に電子を入れて○の出口から出てきたとする。すると、スピンは右回りであったということだ。そして、測定結果が「右回り」と出

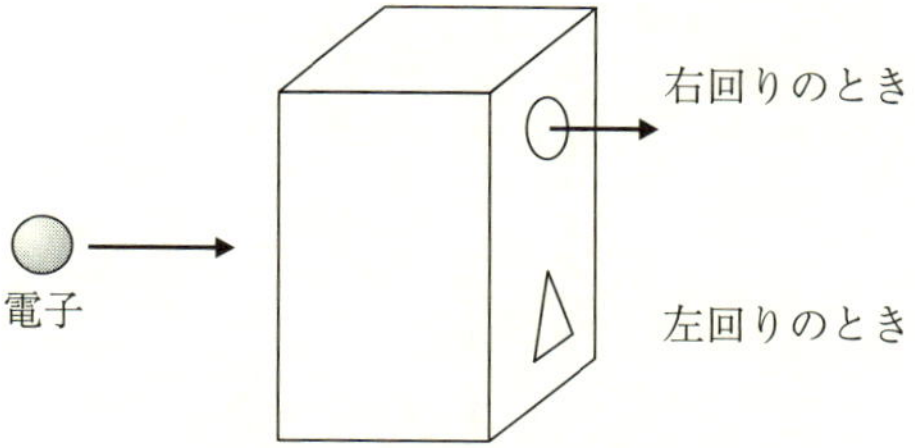

図4－3：スピンの値は「どこから電子が出てくるか」という位置情報でわかる

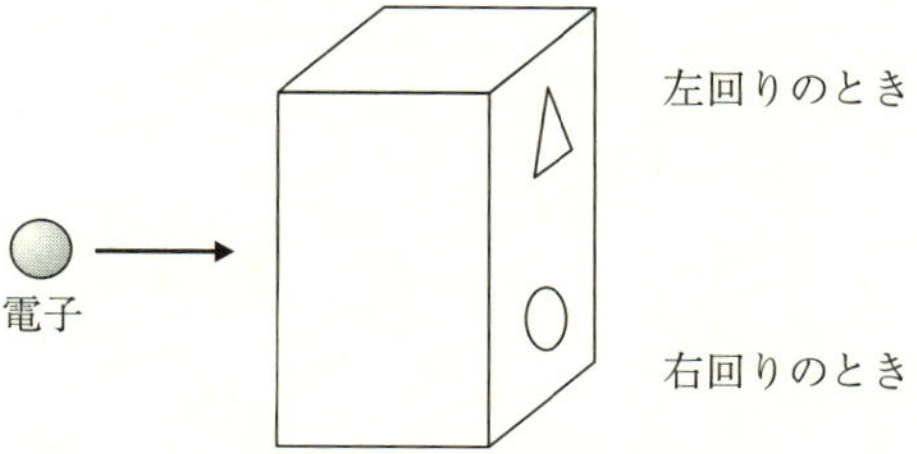

図4－4：図4-3の装置をひっくり返したもの

たということは、この測定状況の下では、スピンは測定前からつねに右回りだったのである。「この測定状況の下では」というのが大事である。

ここでもしスピンの値は位置と関係ないのなら、どのように測定器をセッティングしても測定結果は「右回り」になるだろう。たとえば、この測定器をひっくり返して、図4－4のようにセッティングしていたとしても、やはり○から電子は出てきたはずである。

しかし、スピンがどこから出てくるかは、軌跡解釈によると、測定器と電子を合わせた系全体の「位置」によって決定されるので、もしさきほどの実験を図4－3ではなく図4－4のようなセッティングで実行したのならば電子が△から出てきたかもしれない。

ただし、この測定器から出た後の電子を、測定状況を変えずに、別の測定器に入れたとき、測定器をどのようにセッティングしていようとも（ただし、この実験を始める前にセッティングされている）、はじめの測定器で測定された結果と同じ結果を示す。ある特定の状況下では明確な値をもっているからだ。

ところで、GRW理論でも、位置がもっとも基本的な物理量であった。そこで、軌跡解釈をGRW理論と比べてみるのは意義のあることだろう。三章で論じたように、GRW理論の場合は、スクリーン上に光子を衝突させて位置を測定するとき、光子がスクリーンに衝突した時点ではまだなにも言うことができないのが問題なのであった（マクロな測定器を構成する原子の位置が収縮しているわけではない)。

だが、軌跡解釈の場合は位置の収縮などということには言及しないから問題はない。光子はつねに明確な位置をもっているので、スクリーンに衝突して一点が光ることには何の不思議もないのである。アルバートの思考実験についても、もちろん何の問題もない。測定後、粒子Pは、「右回り」か「左回り」かどちらかの位置にあるだろう。

軌跡解釈と非局所性

以上のように、軌跡解釈は、コッヘン－スペッカーの定理に抵触することのない隠れた変数理論であるということになる。では、ベルの定理についてはどうだろうか?

これについては、非局所性を認めることで(B2の否定)、ベルの定理に抵触しない隠れた変数理論となっている。たとえばEPR実験を考えよう(一章二八頁)。

まず、電子IとIIのスピンを図4－3(一二三頁)の測定器を用いて測定する。電子IIが測定器に到達するのは電子Iが測定器に到達してから十分に後になるようにしておく。また、スピンの値(電子の軌跡)は電子I(II)と測定器全体の状態によって決定されるわけだが、測定器の最終的なセッティングは電子Iが測定器に到達するまでに終えればよい。

とりあえず測定器をセッティングする。そして、いま、電子Iと電子IIは十分に空間的

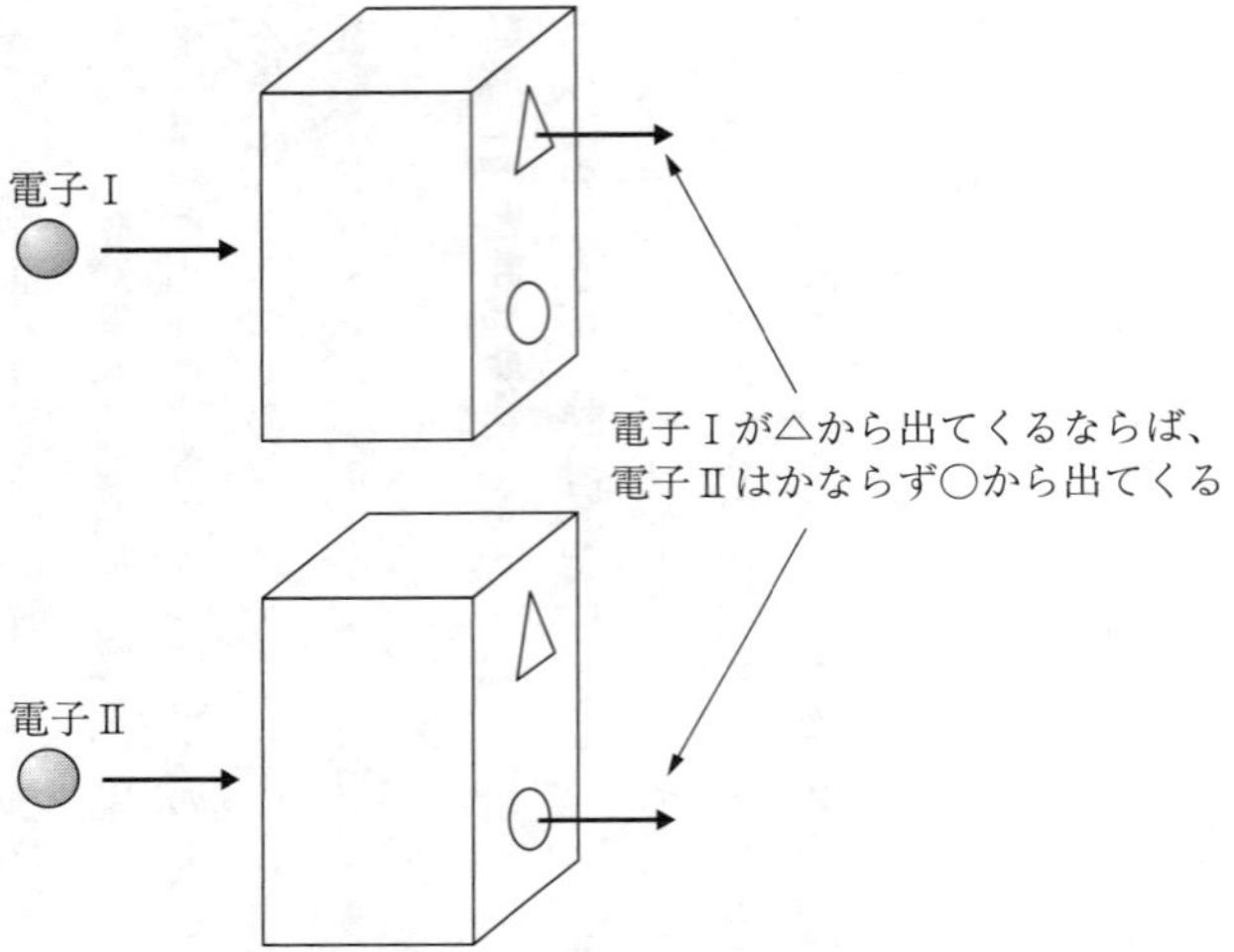
電子Ⅰ
電子Ⅱ
電子Ⅰが△から出てくるならば、
電子Ⅱはかならず○から出てくる

図4－5：EPR実験。量子もつれ状態にある２つの電子のスピンを測る

に離れたが、まだどちらも測定器には到達していないとしよう。このときに電子Ⅰを測定する測定器のセッティングをはじめと変えてみる。そしてその後はそのままセッティングの変更はしないとしよう。

すると、最終的な測定器のセッティングを終えたときに、電子Ⅰが測定器の△から出てくるか○から出てくるかが決定する、つまりスピンの値が決定する。いま△の出口から出てくると決定したとしよう。すると、その瞬間に、電子Ⅱのスピンの最終的な値も決定する――同じ測定器を用いて測定するとするならば○の出口から出てくると決定する――のである（図4－5）。

もし、最初のセッティングのままであれば電子Ⅰは測定器の○から出てくるはずであったとしたなら、電子Ⅱは△から出てくるはず（左回り）だったわけだから、遠く離れた測定器の変化で、電子Ⅱのスピンは○から出てくること（右回り）になったのである。しかもこの影響は瞬間的に伝わったことになる。つまり、非局所相関があるのだ。

さて、一章での議論によると、あらかじめスピンが決まっていれば、ベルの不等式を満たし（通常の量子力学ではこの実験をするとベルの不等式を破るという予測をする）、それはアスペの実験に反するのだった。なのに、なぜ軌跡解釈は大丈夫なのか。それはすでに述べたように非局所的（であり、状況依存的）な隠れた変数理論であるからだが、なぜ非局所性があると大丈夫なのかを直感的に説明してみよう。

まず、スピンは状況依存的な物理量なので、つねに明確な値をもっているのはすべての軸におけるスピンではない。ベルの不等式を導くときの前提として少なくとも三つの軸のスピンの値がつねに明確に決まっていることが必要であった。だが、軌跡解釈ではそうではない。ここがまず一つ目のポイントだ。つまり、どういう測定状況であるかで、どの軸のスピンが明確な値をもつかが決まるのだ。

そして、非局所性があるので、状況が変化すればそれに応じてすべての空間におけるガイド波が一斉に変化し、測定すべき物理量が値をもつことになる。こうして、軌跡解釈では隠れた変数理論でありながらアスペの実験とも矛盾しないのである。

軌跡解釈と相対性理論

このように軌跡解釈は非局所性を取り入れることによってベルの定理を避ける隠れた変数理論となり、なかなか有望そうだが、同時に

相対性理論との相性が悪い

という欠点を抱えることにもなった。「相対性理論との相性が悪い」とは、専門的な言いかたをすると、軌跡解釈は「ローレンツ不変ではない」ということである。そして、非局所性がまずいのは（ローレンツ不変性を満たさないのは）、別の言いかたをすると、「絶対的な同時性」を認めてしまうことになるからである。

本書のテーマを離れるので、あまりくわしくやるつもりはないが、相対性理論における重要な帰結の一つには、「出来事Aと出来事Bが同時に起きた」という言いかたが、どのような立場に立ってもつねに言えるわけではないということがある。ある立場では「AとBが同時に起きた」となるのに、別の立場では「AとBは同時には起きなかった」という

ことがあるのだ。要するに相対性理論では、その名の通り、「なにとなにが同時か」も相対的なのである。

ところが、軌跡解釈のように非局所相関を認めると、測定器のセッティングを変えると「同時に」空間にわたって広がっているガイド波が変化してしまう。この「同時に」はどの立場から言っても同時であるはずの「絶対的な同時性」である。それゆえ、相対性理論と相性が悪いのだ。

しかし、それを言うと「標準的な解釈でも非局所相関を認めているから同じはずやのに、こちらは『相対論的量子力学』というのがあるで」となるかもしれない。ただ、一章で議論したように、従来の量子力学で非局所相関が出てくるのは、状態の収縮を認めた場合である。だが、状態の収縮（射影公理）はもともとの量子力学の枠組みにはない。それゆえ、通常の量子力学はうまく相対論的効果を取り入れられるのである。

さて、もちろん、ド・ブロイにしてもボームやベルにしてもそこには気づいていて、相対論的な拡張を試みている。たとえば、もとの理論は相対論と相性が悪いのに、統計的な予測ではちゃんと折り合いがつくように理論が拡張されたりしている。

ただ、ボームによる処方箋は一般性がなくそれがうまく効かない場合があるし、ベルはより一般性のある処方箋を考えたが、今度は完全には決定論的ではなくなるという問題がある。すなわち、フェルミオンという種類の粒子（たとえば電子はフェルミオン）については、位置はもはや状況から独立した物理量ではなくなり、かわりにフェルミ数という物理量が状況から独立に明確な値をもつという場合があるのである。ただし、ボソンという種類の粒子（たとえば光子はボソン）については位置が状況から独立の物理量のままである。

ちなみに、相対性理論には特殊と一般があって（名称からわかるように、これらは独立ではなく、一般は特殊を包含するのだが）、一般相対性理論は、解釈とは関係なく量子力学と相性が悪い（このことはすでに三章でもすこし触れた）。これら二つを統合する理論は「万物理論」とも呼ばれ、「究極の理論」とされるが、現在はまだだれもその理論を手に入れていない。いまのところ「超ひも理論」という理論がその最有力候補だとされているが、それに反対し、別の理論を追究している研究者たちもいる。

20　具体的な形などについては巻末の参考文献を参照のこと。
21　「状況依存」の原語は contextual dependence で、「文脈依存」と訳されることが多いが、「状況依存」とのほうがイメージがわきやすいと思うので本書ではこちらを採用した。

第五章　世界がたくさん

状態は収縮しない

標準的な解釈の大きな問題点は、状態の収縮が生じるということであった。状態の収縮は、量子力学の基本方程式であるシュレーディンガー方程式では記述できない現象であり、「射影公理」という別の仮定を置いてやらなければならないのだった。

三章では、状態の収縮を、射影公理を用いずに一つの枠組みで導こうとする試みを紹介した。GRW理論は量子力学の修正をして導こうとしたものであり、デコヒーレンス理論は量子力学の枠内で導こうとするものであった。だが、GRW理論はいくつかの問題を抱えている理論であるし、デコヒーレンス理論についても量子力学の枠内で状態の収縮を導くことができないことが証明されているのであった。

一方で、隠れた変数理論によって、射影公理を必要とせず、物理量の実在性や決定論的世界観も守ろうとする軌跡解釈について四章では概観した。だが、軌跡解釈も相対論的な拡張をしたとき、フェルミオンという粒子の場合は状況から独立に実在する物理量が、位置のようなものではなくフェルミ数であったりすることがあるので、決定論的な世界観を必ずしも維持できているとは言えないのであった。また、非局所相関も認めざるを得なかった。

本章では、世界がたくさんあるとすることによって、量子力学の枠組みを変えないで、かつ状態の収縮も認めずに、決定論的な世界観や物理量の実在性を守り、なおかつ非局所相関も避けようとする試みを紹介する。

一九五七年、プリンストン大学の大学院生であったヒュー・エヴェレット三世は、

> 測定しようとするミクロな物質だけではなく、観測者までをも含めた状態を考え、それらが収縮せずに重なり合っている

のではないかと提案した。

シュレーディンガーの猫（三章八三頁参照）の例で考えてみよう。いま、$|\text{生}\rangle_{\text{猫}}$と$|\text{死}\rangle_{\text{猫}}$はそれぞれ、猫が生きている状態と死んでいる状態をあらわしているとする。すると、標準的な解釈では、窓を開ける前の状態を、

$$|\text{生}\rangle_{\text{猫}} + |\text{死}\rangle_{\text{猫}} \qquad (5-1)$$

と考えていたので、窓を開けたときに$|\text{生}\rangle_{\text{猫}}$か$|\text{死}\rangle_{\text{猫}}$かに状態が収縮するとしなければならな

いのだった。

だが、観測者の状態まで考えてみればどうだろうか。窓を開ける前の観測者の状態は、まだ結果を知らない状態なので$|\text{未知}\rangle_{\text{観測者}}$とあらわそう。すると、窓を開ける前の状態は（5－1）ではなく、

$$|\text{未知}\rangle_{\text{観測者}}\left(|\text{生}\rangle_{\text{猫}}+|\text{死}\rangle_{\text{猫}}\right) \qquad (5-2)$$

となる。そして、窓を開けて猫の生死を観察すると、猫が生きているのか死んでいるのかで観測者の状態も変化するはずである。たとえば、「猫が生きているのを見て喜んでいる状態」と「死んでいるのを見て悲しんでいる状態」という具合になる（図5－1）。

前者を$|\text{喜}\rangle_{\text{観測者}}$と、後者を$|\text{悲}\rangle_{\text{観測者}}$とあらわすと、窓を開けた後の状態は、

$$|\text{喜}\rangle_{\text{観測者}}|\text{生}\rangle_{\text{猫}}+|\text{悲}\rangle_{\text{観測者}}|\text{死}\rangle_{\text{猫}} \qquad (5-3)$$

となる。猫が生きているのを見た観測者と死んでいるのを見た観測者はそれぞれ別の状態にあるのだから、状態の収縮を考える必要はないというわけである。

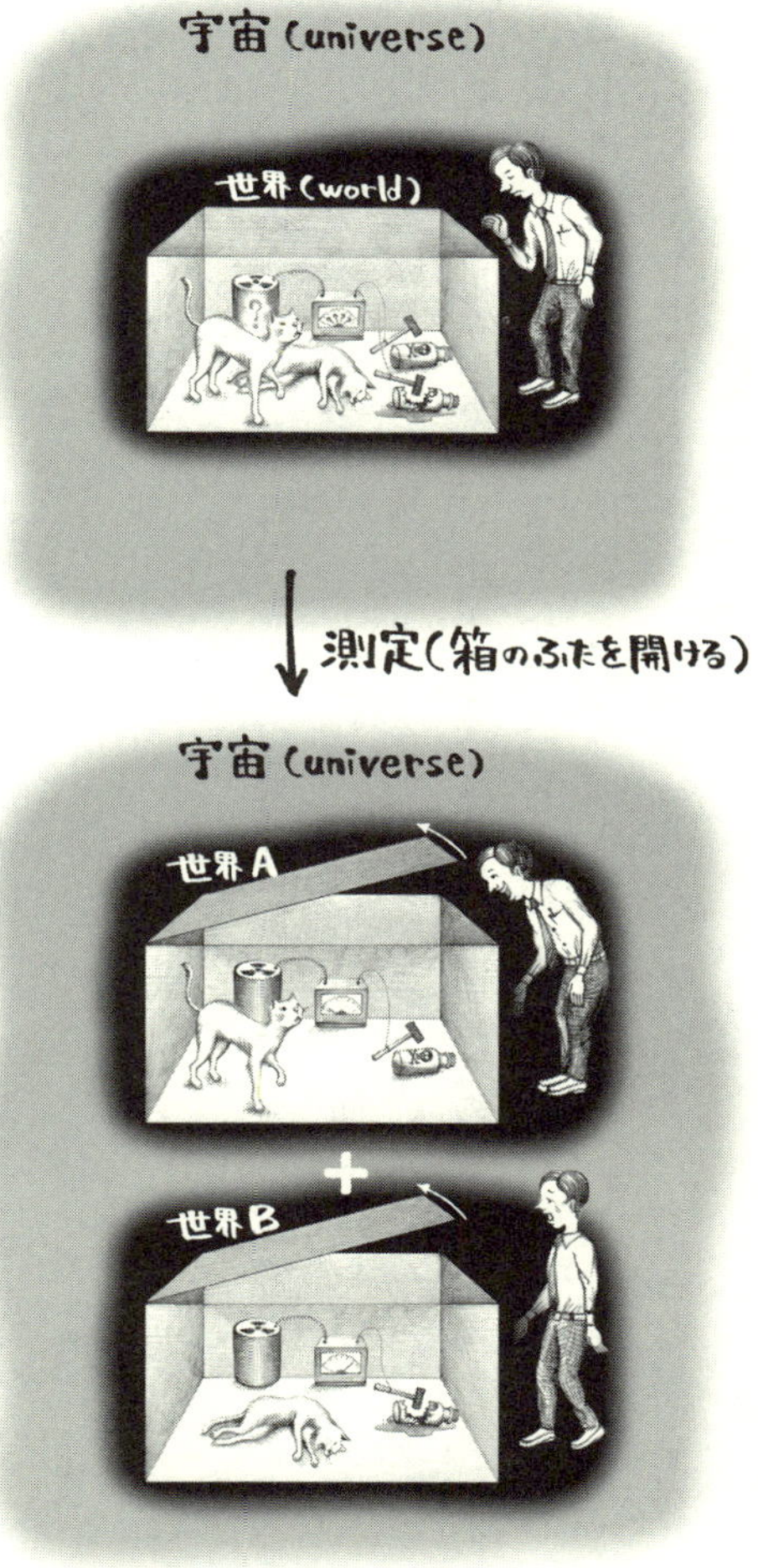

図５－１：箱を覗いて測定をすると、猫が生きていて観測者が喜んでいる世界と猫が死んでいて観測者が悲しんでいる世界に分かれる

すると、$|\text{喜}\rangle_{\text{観測者}}$にたいしては猫が生きている状態（$|\text{生}\rangle_{\text{猫}}$）に、$|\text{悲}\rangle_{\text{観測者}}$にたいしては猫が死んでいる状態（$|\text{死}\rangle_{\text{猫}}$）にある、つまり、猫の状態は観察者の状態に対して相対的に決まっているのだ。それゆえ、エヴェレットは、これらの状態を「相対状態」と呼んだ。

このエヴェレットの考えを、ブライス・ドゥイットという物理学者が発展させ、「多世界解釈」を作り上げた。多世界解釈によると、（5－3）の$|\text{喜}\rangle_{\text{観測者}}|\text{生}\rangle_{\text{猫}}$の状態にある観測者の世界と$|\text{悲}\rangle_{\text{観測者}}|\text{死}\rangle_{\text{猫}}$の状態にある観測者の世界は異なっているのである（図5－1）。

つまり、観測が行われるたびに量子力学的に可能な状態に対応して、世界はつぎつぎと分かれていくのである。

ちなみに、多世界解釈は、エヴェレットのもとの考えかた（これを「相対状態形式」という）の解釈の一つであり、六章で解説するように、別の解釈の仕方もある。

ところで、相対状態形式を考え出したエヴェレットの指導教員は二章で出てきた「遅延選択実験」を考案したホイーラーである。かれは「ブラックホール」や「ワームホール」の名づけ親としても有名である。かれはエヴェレットの論文を携えてコペンハーゲンへ向かい、ボーアらと議論したが、反応は良くなかった。やがて、エヴェレットは兵役忌避のためにペンタゴンに就職し、そこで軍事技術の研究に携わり、物理の世界に二度と戻って来なかった。そして酒浸りの荒れた生活のなか五一歳という若さでこの世を去ってしまったのである。

デコヒーレンス理論を応用しよう

話を戻そう。観測のたびに世界が分かれるということだったが、これら二つの世界はたがいに干渉しているはずではないだろうか。しかし、$|\text{喜}\rangle_{\text{観測者}}|\text{生}\rangle_{\text{猫}}$と$|\text{悲}\rangle_{\text{観測者}}|\text{死}\rangle_{\text{猫}}$とが干渉している状態が観測されることなど現実的にはない。そもそもこのような干渉状態が観測されるとはどのようなことなのか自体がわからない。

そこで、いまでは多世界解釈の支持者たちは三章で解説したデコヒーレンス理論を適用することが多い。すなわち、

　環境との相互作用で、「猫が生きている世界」と「猫が死んでいる世界」の干渉性が急速に失われる

のである。あらためてシュレーディンガーの猫について考えると、まず、放射性物質が崩壊して毒薬発生装置と反応した時点で「放射性物質が崩壊した状態」と「放射性物質が崩壊していない状態」のあいだの干渉性は急速に失われる（毒薬発生装置はマクロな物質だか

ら)。さらに、毒薬が発生した状態と発生していない状態のあいだの干渉性も猫などの環境との相互作用で急速に失われるし、猫の生きている状態と死んでいる状態もそうである。

こうして、観測者は、「生きている猫を見て喜んでいる状態」と「死んでいる猫を見て悲しんでいる状態」の重ね合わせになる。そして、もちろんこの二つの状態間の干渉性も、環境との相互作用によって急速に失われることになるのだ。

状態ベクトル

おお、多世界解釈ってイケてるやん? とここまでの話だとなりそうだが、まだ問題が残っている。だが、その話をするためには少々準備が必要である。

本書ではいままで「|　〉」という表現で「状態をあらわす」と言ってきたが、これを「状態ベクトル」と呼ぶ。

「ベクトル」という概念を覚えているだろうか。ベクトルについてよくわかっている(覚えている)という読者は以下を飛ばして次の節「どの状態で分解するのかはどう決めるのか?」に進んでよい。

高校数学で習ったときは、直感的に理解しやすいようにベクトルを矢印で表現したりしていた。中学理科でも、「ベクトル」という言葉は出てこないが、「力の分解・合成」のときにやはり力を矢印であらわしていたはずだが覚えているだろうか（じつは何年か前にいったん中学理科の学習項目から外され、また最近復活したので、外されていた期間に中学生だった読者は記憶にないかもしれないが……）。

たとえば、時間や長さといったものは、５秒や12ｍのように、「大きさ」だけで表現できる（これを「スカラー量」という）。ところが、たとえば、力は「大きさ」だけでは表現できない。なぜなら、どの向きに力が働いているのかが重要になるからだ（なぜ向きが重要になるかは後ですぐにわかる）。

こういった、大きさと向きのどちらももつのがベクトルである。矢印も大きさ（矢印の長さ）と向きをもっていて、ベクトルをあらわすのに便利なので、矢印を使って直感的にあらわすことが多いのだ。たとえば、矢印の長さ１㎝が１㎏重をあらわすと決めると、「５㎏重で東向きにかかる力」は「５㎝で東に向いた矢印」であらわすことができる。ここで「㎏重」は力の単位で１㎏重とは１㎏のおもりの地球での重さ（つまり、地球によって下向きに引かれたときの力）である（注22）。

さて、さらにここで、「ベクトル（力）の分解」というのを思い出してもらいたい。図５－2aのように図を使って行っていただろう。

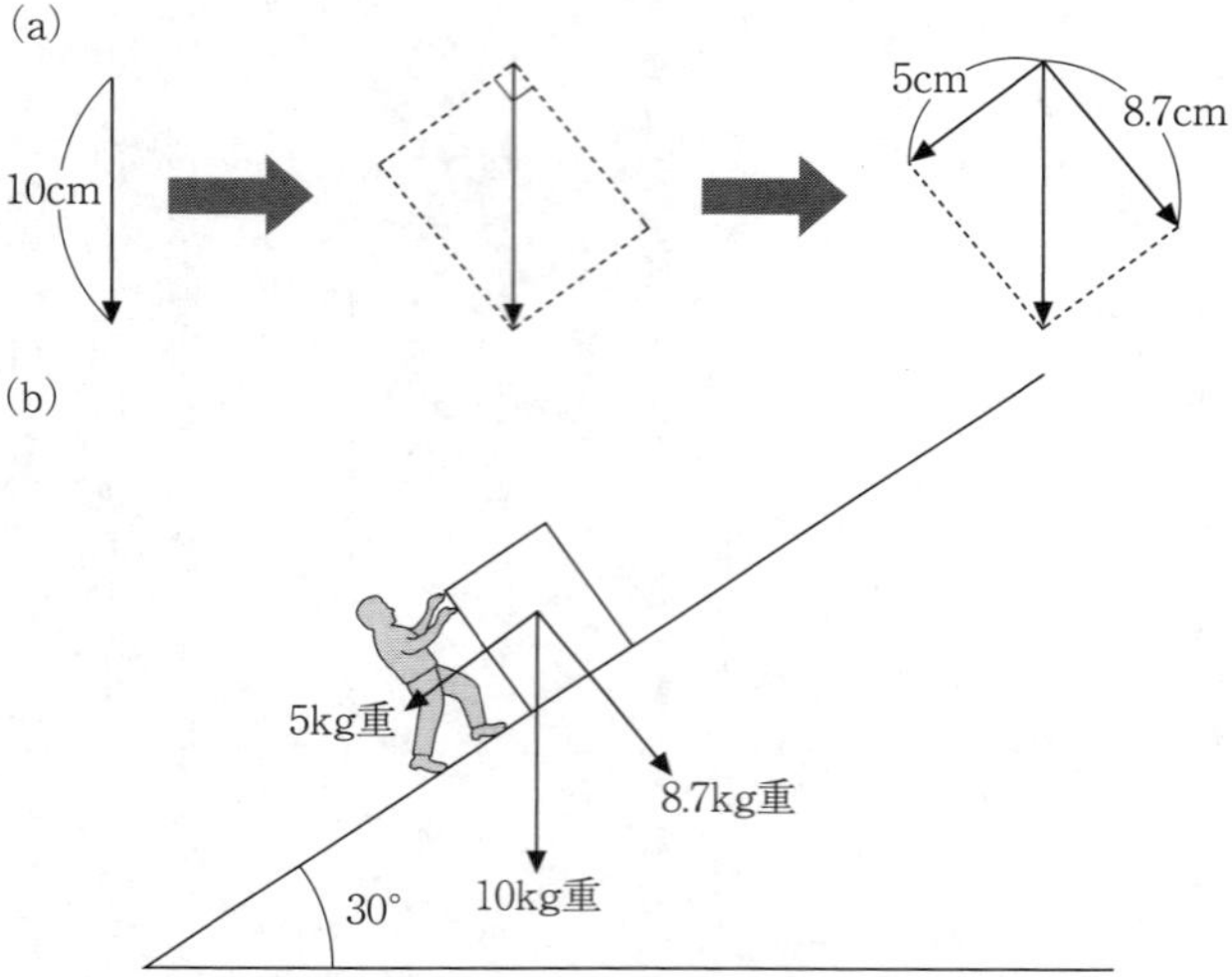

図５－２：ベクトルの分解とは？
a. ベクトルの分解方法
b. 傾斜 30 度の坂におかれた 10kg の荷物を押し上げるのに必要な力は？

すなわち、分解したいベクトルが対角線になるような平行四辺形を描いて、矢印の始点から出ている二つの辺がそれぞれ分解した後のベクトルになるのであった。このとき、それぞれのベクトルの始点はもとのベクトルの始点と一致する。

たとえば、図５－2aにしたがって、下を向いた10㎝の矢印であらわされたベクトルを、そこから左回りに30度傾いた方向と、それと直角に交わる方向を向いた二つのベクトルに分解しよう。すると分解された二つのベクトル（矢印）の大きさは、左下を向いた方は5

cmに、右下を向いた方は約8・7cmになるだろう。

この結果はなにを意味しているだろうか？　いまこの矢印は力をあらわしていて、矢印1cmが1kg重に相当するとしよう。そして、10kgの荷物を傾斜30度の坂の上に置き、これを坂道に沿って押し上げようとしたとする（図5－2b）。そのときどれくらいの力が必要かというと、坂道に沿って下向きの矢印が5cmなので、5kg重でよいということである（ただし、荷物と坂道のあいだに働く摩擦力は無視する）。ふつうに垂直に10kgの荷物を持ち上げようとすると、10kg重の力が必要なわけだから、半分の力で済む。坂道に対して垂直にかかる8・7kg重は坂道が支えてくれているので人間の負担にならない。

どの状態で分解するのかはどう決めるのか？

ベクトル（力）の分解についてだいぶ思い出してもらえただろうか。ではここで、量子力学に話を戻そう。量子力学の状態をあらわす「|　〉」を「状態ベクトル」と呼ぶのは量子力学の状態もベクトルだからである。それゆえ、力の分解と同様に、状態ベクトルも別の複数の状態ベクトルに分解できる。

いま、猫の状態を|猫〉という一つの状態ベクトルであらわすことにすれば、猫の状態が（5－1）のようになるというのは、|猫〉という一つの状態ベクトルが、$|生\rangle_{猫}$と$|死\rangle_{猫}$という二

つの状態ベクトルに分解できるということである。それを、

$$|猫\rangle = |生\rangle_{猫} + |死\rangle_{猫} \quad (5-4)$$

と書く。そして、窓を開けて猫が生きていたとしたら、状態の収縮を認める解釈を用いたとき、(5-4)は、

$$|猫\rangle = |生\rangle_{猫} \quad (5-5)$$

へと変化する。

さて、すぐにわかるように、ベクトルの分解の仕方というのはいくらでもある。状態ベクトルを分解するときは、ふつうは、(二次元の場合)図5-2でやったのと同じように、もとのベクトルが長方形の対角線になるように分解する(長方形は平行四辺形の一種である)。そうすると、分解した後の二つのベクトルはたがいに直角に交わるが、これを「直交する」と言う。

なぜ直交するベクトルで分解するのかというと、直交する状態ベクトルどうしは物理的

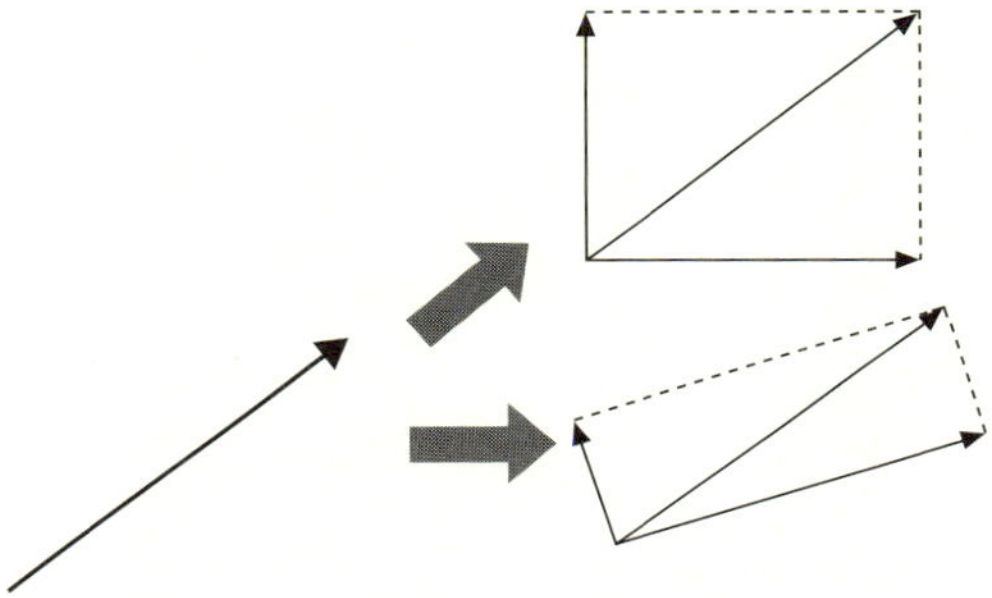

図５－３：１つのベクトルを他の直交する２つのベクトルに分解する方法はいくつもある

にはっきりと区別できる状態だからだ（ただし、物理的に意味のある状態ベクトルで分解した場合）。

だが、直交するベクトルで分解する場合でも、もちろんいろいろな分解の仕方がありえる（二次元ベクトルの場合、図５－３）。

たとえば、（軸がなにであれ）スピンの右回り状態をあらわす状態ベクトルと左回り状態をあらわす状態ベクトルは直交している（ここで直交しているのは状態ベクトルであって、スピンの軸の話ではないことに注意）。それゆえ、z軸のスピンが右回りと左回りのときの状態を$|\text{右回り}\rangle_z$、$|\text{左回り}\rangle_z$、x軸のスピンが右回りと左回りのときの状態を$|\text{右回り}\rangle_x$、$|\text{左回り}\rangle_x$とし、さらに、電子のスピン状態を$|\text{スピン}\rangle_{\text{電子}}$とすると、

$$|\text{スピン}\rangle_{\text{電子}} = |\text{右回り}\rangle_z + |\text{左回り}\rangle_z \quad (5-6)$$

とも、

$$|\text{スピン}\rangle_{\text{電子}} = |\text{右回り}\rangle_x + |\text{左回り}\rangle_x \quad (5-7)$$

とも書ける。そして、問題は、

　これらのうちどの分解の仕方を優先すべきかの決まりごとがあるわけではないということである。さらに言えば、$|\text{右回り}\rangle_z$や$|\text{生}\rangle_{\text{猫}}$のような、直感的に意味のわかる（物理的に意味のある）状態にいままで何の断りもなく分解していたが、数学的には物理的に意味のない状態への分解の仕方も許されているのである。

　なのに、「猫が生きた状態」と「猫が死んだ状態」という二つの世界に分かれてしまうのはなぜなのだろうか。これを解決するのもデコヒーレンス理論である。

　たとえば、（5−3）式で記述されたように、|生〉には|喜〉という状態が、|死〉には|悲〉という状態が結びつく。このことによってこれらの状態は「安定」な状態となる（観測者が喜ぶ・

悲しむという状態はマクロに識別可能な状態だから)。また、電子スピンの場合で言うと、いまz軸を測定するような測定器のセッティングのときは、測定器は｜「右回り」〉$_z$か｜「左回り」〉$_z$という状態を安定的にとることになる。電子スピンは測定器との相互作用でデコヒーレンスを起こすのだから、これらと結びつく｜右回り〉$_z$という状態と｜左回り〉$_z$で分解した(5－6)式のような形となり、これらの状態間にデコヒーレンスが生じる。つまり、はじめから特定の状態に分解されているわけではなく、

観測(測定)によってマクロに明確に区別できる状態と安定的に結びつくようなミクロの状態に分解される

のである。

ただし、この問題が解決できたとしても、まだ問題がある。というのは、すでに三章で述べたように、デコヒーレンス理論によると、状態間の干渉は完全になくなるわけではない。それゆえ、もし理論的に、わずかに残った世界間の干渉が、その後、大きくなってしまうようなら、現実の観察と異なるので、デコヒーレンス理論は多世界解釈を支えるものとはならない。

確率にどのような意味があるのか

多世界解釈に関する問題点としては、他にも

確率をどのように解釈するのか

というものがある。量子力学を用いた計算をし、標準的な解釈を適用すると、ある時刻に窓を開けたときの猫が生きている確率が2／3だったとしよう。

標準的な解釈の場合、原理的に猫が生きているか死んでいるかがわからないので、確率は、私たちの情報不足などとは関係ない客観的なものということになる。

しかし、多世界解釈をとるならば、この確率2／3とは正確にはどのような意味なのだろうか。多世界解釈は、状態の時間発展がシュレーディンガー方程式によってのみ決定されるという決定論である（標準的な解釈は、シュレーディンガー方程式だけではなく射影公理が必要なのであり、射影公理による状態の収縮の段階が原理的に確率論的なのである）。それなのに確率があらわれるということは、私たちの側の情報不足だということだ。これを「確率の無知解釈」という。

たとえば、サイコロを振って一の目が出る確率は１／６である（正確に正六面体につくられている場合）。だが、これは、私たちが、サイコロが床にあたった瞬間の速度やサイコロおよび床の素材、そしてそれらの素材でその後どのように運動するのか……などといった情報を知らないからである。これらがわかれば、現実的にはともかく、原理的にはどの目が出るかは予測できる、すなわち、一の目が出る確率は１か０かどちらかということになる（つまり、確率的な要素はなくなってしまう）。

多世界解釈におけるミクロな世界の状態変化も決定論なのだから、私たちが結果を予測できないのは、私たちの情報不足のせいということになるのではないだろうか。

しかし、いま考えている例の場合、「私たちが知らない情報」とはいったい何であろうか。多世界解釈は隠れた変数理論ではないから、猫が生きている確率を計算するために用いた情報は私たちの知りうる完全な情報であるはずだ。もし私たちの知らない情報があるのならば、それは隠れた変数があるということになる。

また、窓を開ける前に「窓を開けたときに、太郎が、猫が生きているのを発見する確率はどれくらいだろうか」と問うことは意味がないように思える。なぜなら、太郎は「猫が生きている世界」にも「猫が死んでいる世界」にも存在するし、前者の世界にいる太郎は確率１で猫が生きているのを発見し、後者の世界にいる太郎は確率１で猫が死んでいるのを発見するはずだからだ。

しかし、無知解釈はつぎのように考えれば、なんとか使えるかもしれない。『猫が生きている世界にいるが、まだ結果を知らない太郎』にとっての猫が生きている確率」である。つまり、太郎は「自分が猫が生きている世界にいる」という情報を知らないのだから、2／3という確率を無知解釈として理解できるのである（つまり、情報をもっていないのは太郎である）。

一方、確率の頻度解釈をとる者もいる。たとえば、正確につくられたサイコロを六万回振れば、そのうちの一万回は一の目が出るだろう。それゆえ、「サイコロを振って一の目が出る確率が六分の一である」とは「サイコロを振った回数のうちその六分の一の回数だけ一の目が出る」という意味である、というのが頻度解釈である。

それを多世界解釈における確率に応用するとどうなるか。シュレーディンガーの猫の実験において、ある時刻に窓を開けたとき、枝分かれした世界は三つあり、そのうち二つの世界が「猫の生きている世界」だったとしよう。そして、各世界に進む可能性はどれも等しいとすると、三つのうち二つが「猫の生きている世界」なのだから、「ある時刻に窓を開けたとき、猫が生きている確率は2／3である」と言えるのである。だが、各世界に進む可能性が等しいということは正当化されていない（し、そもそも「ある世界に進む可能性」というのも考えてみればよくわからない）という点で、この解釈にも問題が残っている。

もちろん、じっさいに多数回の実験を行えば（もしくはまったく同じ系を多数用意して実験を行えば）そのうち2／3で猫が生きているのを発見するのではないか、という意味での頻度解釈もうまくいかないだろう。なぜなら、そのすべての実験で「猫が生きている」という結果を得る世界があるはずだからだ。

ただ、この実験を無限回行うと（もしくは同じ系を無限個用意して実験を行うと）、すべての世界において「猫が生きている」という結果を得るのは2／3になる。それゆえ、確率は同じ実験を無限回行ったとき（もしくはまったく同じ系を無限個用意して実験を行ったとき）のみ意味をもつということになる。

この多世界解釈における確率の意義については現在でも盛んに議論がなされている。

確実に金持ちになれる方法があるのだけど……

いきなりだが、多世界解釈が正しいとするとかならず金持ちになれる方法がある。どういう方法だろうか。それは「量子的ロシアン・ルーレット」である。たとえば、一億の部分に分割したスクリーンを用意して、そのスクリーンに向けて光子を一個だけ発射する。

光子はスクリーンのどこかに必ず命中するとしよう。そして、スクリーン上のすべての部分において命中確率は等しいとする。いま、一億の分割された部分のうち特定の一つを選び出しそれを「あたり」とし、もしここに光子が命中すれば、あなたは多額の賞金をもらえる。しかし、その他の部分に命中すれば、その瞬間に、あなたが結果を知る前に、あなたは痛みも苦しみもなく殺される。

さて、もし標準的な解釈が正しいとすると、一億分の九九九九万九九九九という非常に高い確率であなたは死んでしまう。

しかし、多世界解釈が正しいとすれば、光子がスクリーンに当たった瞬間に、一億の部分それぞれに光子があたった一億の世界に分岐する。「あたり」以外の部分に光子が当たった世界ではあなたは死ぬが（このとき恐怖も苦痛もないように殺してもらえる）、「あたり」に光子があたり、あなたが大金持ちになっている世界が必ずある。つまり、あなたは、このロシアン・ルーレットに参加すれば、恐怖も痛みも苦しみも感じることなく、確実に大金持ちになれるのである。

それゆえ、「この量子的ロシアン・ルーレットに参加しますか？」と問われれば、多世界解釈の支持者ならばイエスと答えるのが合理的な回答ではないだろうか。だが、

多世界解釈の支持者であってもおそらくは参加しないことが合理的な選択だと考えるだろう

というのがここでの問題である。そして、実際に多世界解釈の支持者たちはそう考える。では、多世界解釈の支持者はこの選択（量子的ロシアン・ルーレットに参加しないという選択）が合理的であることをどのように正当化するだろうか。かれらの回答は、

一億人いる未来の「私」すべての運命についてそれが悲劇的なものにならないように行為の選択をするのが合理的だ

というものである。一億人いる「私」のうち九九九九万九九九九人が死んでしまうのなら、そのような行為を選択するのは合理的ではないということだ。

この話には、本質的には同じだが微妙に異なるヴァージョンがいくつかあり、それらをひっくるめて「量子自殺の思考実験」と呼ぶ。

たとえば、世界のすべての人が幸せと感じている世界を実現する方法というのもある。世界中の人にそれぞれその人がいま幸せと感じているかそうでないかがわかる特殊な帽子

をかぶってもらう。そして、だれか一人でも幸せではないと感じたら、世界を滅ぼすのである。すると、残った世界は世界中すべての人が幸せだと感じているはずである。だが、このような帽子が開発されたとしても、そのような実験を行うことが合理的であるとは、多世界解釈の支持者でも思わないだろう。

人工頭脳を使って正しさを証明できるか

量子コンピュータの基礎を作ったデイヴィッド・ドイチは、多世界解釈を実験で検証する方法があるという。ただし、この実験はじっさいには現代、そして近い将来においても、実現しないであろうような技術を用いなければならない（ドイチは数十年先に実現すると一九八三年の時点で発言しているが、約三〇年後の二〇一一年現在でも実現していないし、今後数十年経っても実現しそうにないと思う……）。

まず、量子的な現象を直接に知覚できる人工頭脳を用意する。名前をハルとでも名づけよう。そして、たとえば、マッハ－ツェンダー干渉計の実験のような、ひとつの光子が別の状態をとったあと、それらが干渉するような実験を記録させる。二章の図2－6を再掲しておく（図5－4）。

実験開始後、左下のハーフミラーを光子が通過したと思われる時点で、この実験を行って

いる太郎が、

経路Ⅰか経路Ⅱかのどちらか一つだけを光子が通ったのを確認したか

とハルに聞く。ポイントは、どちらを通ったのかは報告させないところだ。なぜなら、どちらを通ったのかを聞いてしまうと太郎の世界も二つに分かれてしまうからだ（「経路Ⅰを通ったと報告を受けた太郎の世界」と「経路Ⅱを通ったと報告を受けた太郎の世界」）。

いま、「ハルがイエスと答えたのを太郎が聞いた状態」を$|\text{イエス}\rangle_{\text{太郎}}$、「光子が経路Ⅰを通った状態」を$|\text{経路Ⅰ}\rangle_{\text{光子}}$、「光子が経路Ⅰを通ったことをハルが観測した状態」を$|\text{「Ⅰ」}\rangle_{\text{ハル}}$としよう（経路Ⅱに関しても同様）。

さて、ハルが「イエス」と答えたとき、標準的な解釈（状態の収縮を認める解釈）と多世界解釈では宇宙の状態が異なることになる。なぜなら、多世界解釈

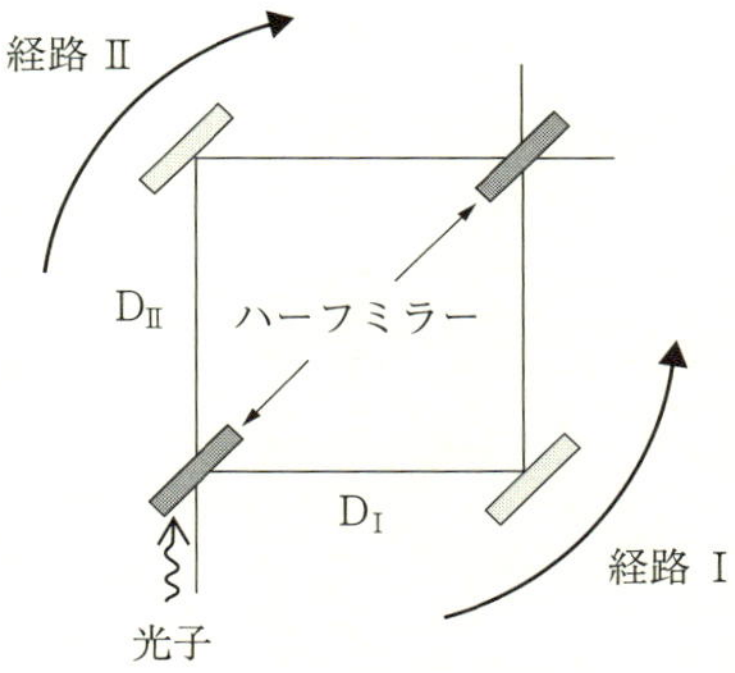

図5－4：マッハ－ツェンダー干渉計

では、

$$(|\text{経路I}\rangle_{\text{光子}}|\text{「I」}\rangle_{\text{ハル}}+|\text{経路II}\rangle_{\text{光子}}|\text{「II」}\rangle_{\text{ハル}})|\text{イエス}\rangle_{\text{太郎}} \quad (5-8)$$

となるが、標準的な解釈では、光子がどの経路を通ったのかをハルが観測した時点で

$$|\text{経路I}\rangle_{\text{光子}}|\text{「I」}\rangle_{\text{ハル}}|\text{イエス}\rangle_{\text{太郎}} \quad (5-9a)$$

か、

$$|\text{経路II}\rangle_{\text{光子}}|\text{「II」}\rangle_{\text{ハル}}|\text{イエス}\rangle_{\text{太郎}} \quad (5-9b)$$

のように、状態が収縮してしまうはずだからだ（ただし、三章で議論したように、どのようなメカニズムで状態の収縮が生じるかによっていつ収縮が生じるかも違うので、こう単純には言えないのだが……）。それゆえ、この実験を繰り返したとき、

標準的な解釈が正しければ、五〇％の確率でBからも光子が出てくるが、多世界解釈が正しければ、ハルの世界はふたたび右上のハーフミラーで干渉し、Aからのみ光子が出てくる

という結果になる。こうして多世界解釈が正しいか、標準的な解釈が正しいかを決める実験が可能だとドイチは言うのである。

しかし、ここで疑問が出てくる。実験終了後、ハルに「君は光子がどちらの経路を通ったのを観測したのか」と質問するとどう答えるのだろうか。別々の経路を通った二つの世界がふたたび干渉したのだから、どちらと答えてもおかしい。これに対してドイチは、干渉の時点では「どちらか一方を光子が通った」のは覚えているが「どちらを通ったのか」については忘れてしまっている、と答える。なんだかずいぶんと都合のいい話のように思える。

一方、リヴ・バイドマンは、人工頭脳を考えるのではなくて「光子がかりに知覚をもっているとして」とドイチの思考実験と同様の思考実験を提案しているのだが（注23）、やはり同じような答えをする（記憶がなくなるので大丈夫と答える）。

さらにバイドマンは、なぜ記憶が消えるのかという疑問にも一応は答えている。かれに

よると、「記憶がある」ということは、経路Ⅰを通った光子と経路Ⅱを通った光子で「記憶」という内部の状態が異なっているということであり、そうするとBから出て行く光子どうしが打ち消し合わない（同じものではなくなっているので、干渉しなくなる）からだという。

だが、この回答は、「実験結果に合うようにするにはこう考えなければならない」という後づけ的なものであって、多世界解釈の枠組みから自然に導かれるものではないので、説得力がないように思える。

ふたたびどの状態で分解するかの問題

また、ドイチにしてもバイドマンにしても、環境と相互作用する以前に二つの世界に分かれているかのように語っている（干渉性はあるにせよ）。そうすると、また「どのような状態ベクトルで分解するのか」という問題が出てこないだろうか。というのも、さきほど（一四一頁）、この問題に対して、測定した際に安定的なマクロの状態と結びつくような状態で分解するという回答を与えたわけであるが、これは、言い換えれば、測定器なら測定器と相互作用してはじめてどのような状態ベクトルで分解すればよいかが定まるということである。なのに、ドイチやバイドマンのようにそれ以前からそれが決まっているかのように書くのはおかしいだろう。

ちなみに、バイドマンは、

$$|光子\rangle = |経路\mathrm{I}\rangle_{光子} + |経路\mathrm{II}\rangle_{光子} \quad (5-10)$$

という分けかた以外では「光子の世界」にならないという説明を与える。たとえば、別の分解の仕方として、

$$|光子\rangle = 1/2\ [(1+i)\ |経路\mathrm{I}\rangle_{光子} + (1-i)\ |経路\mathrm{II}\rangle_{光子}] + 1/2\ [(1-i)\ |経路\mathrm{I}\rangle_{光子} + (1+i)\ |経路\mathrm{II}\rangle_{光子}] \quad (5-11)$$

という複雑な分けかたも可能なのだが(注24)、[　]内で表現された状態が「光子の世界」だとすると、この世界の光子は、「経路Iと経路IIを同時に通る」というスキゾフレニックな経験をするからだ、というわけである。ただ、これでこの問題が解決するかというとそうではない。このことについてはまた後で説明する。

時間を反転できる「スーパーマン」がいたら？

また、バイドマンは、別の「標準的な解釈と多世界解釈のどちらが正しいかを検証する実験」を提案している。これまたとてもではないが、近い将来に実現しそうにない実験である。

図5－4において、光子が経路Iを通ったか経路IIを通ったかがわかるように、それぞれの経路上に検知器D_I、D_{II}を置く。どちらかが光子を検知したら、そこで「スーパーマン」が時間の方向を反転させる（注25）。測定者の記憶は消え、検知器の目盛りは準備状態に戻る。

さて、ここからが問題だが、多世界解釈が正しいとすると、状態の収縮は生じていないのだから、（時間を反転させると）検知器D_IとD_{II}の両方から光子が戻ってくる（D_Iからは下の経路を左に向かって、D_{II}からは左の経路を下に向かって）。ここで、左下のハーフミラーに上から来た（D_{II}から来た）光が反射するとき、位相が反転する（そのようにセッティングする）。そうすれば、もとのマッハ－ツェンダー干渉計実験と同じ理屈で、干渉計を出てくる光はすべて下向きであり、左向きに出てくる光はない。

ところが、標準的な解釈では、状態の収縮が生じているから、光はD_IからかD_{II}からかのどちらか一方からしか出てこない。それゆえ、この実験を多数回繰り返すと、干渉計を左向きに出てくる光もあるはずである。

こうして多世界解釈と標準的な解釈は実験的にどちらが正しいかを決めることができるというのである。すでに世界が分岐した後にやる実験なので、上記の「どのように状態ベクトルを分解するか」の問題は生じない。だが、標準的な解釈において時間を反転させたときに、収縮した状態がふたたび重ね合わせの状態に戻らないというのは保証されていない。そもそも状態の収縮のメカニズムはまだ解明されていないのだから、時間反転に対してどのように振る舞うかもわからないはずである（状態の収縮が非因果的な現象であるならばたしかにこの実験でどちらが正しいかの決定ができそうではある）。

多世界解釈で実在性と局所性は守られたか

多世界解釈の、標準的な解釈に対するあきらかに優位な点は、

状態の収縮（射影公理）というシュレーディンガー方程式からはみ出す現象を考えなくてよい

ということである。もちろんこれは重要な成果であり、そもそも多世界解釈の目指すとこ

ろは「射影公理」という「余分な仮定」を取り去ることであったので、これで満足してもよいのだが、本書では「ミクロ世界で実在性や局所性を守れるか」というテーマがあるので、多世界解釈で実在性と局所性が守れないかについてもさらに考えてみよう。

まず、実在性についてはわかりやすい。前述したバイドマンやドイチの主張をもう一度振り返ってみよう。二重スリットにおいて、多世界解釈では、二つのスリットの一方を通った光子と、もう一方を通った光子がそれぞれ別の世界で存在しているのである。そして、それぞれの世界では光子は粒子として明確な軌道を描いている。

ところが、このような解釈では、「どの状態で分解すればよいか」という問題がふたたび出てくるのであった。なぜなら、さきにこの問題をどのように解決したかを思い出してみると、「マクロ的に明確に区別がつく状態（猫が生きている状態など）と結びつくような状態が選ばれるのだ」というものであった。そうすると、「（ミクロな状態が）どのような状態に分解されるのか」は、それと結びつくマクロに区別がつく状態があらかじめわかっていなければならない。

さきに議論したマッハ－ツェンダー干渉計の場合ならば、バイドマンの回答でもよいのかもしれない。この場合は、測定器と結びつく前にすでに「経路Iを通る」「経路IIを通る」という可能な選択肢がすでに限られているからだ。

だが、電子のスピンの場合はそううまくはいかない。EPR実験を考えてみよう（一章二九頁）。このとき電子Iの状態である｜電子I〉を、

｜電子I〉＝｜右回り〉$_z$＋｜左回り〉$_z$　（5－12）

と分解しても、

｜電子I〉＝｜右回り〉$_x$＋｜左回り〉$_x$　（5－13）

と分解しても、どちらもマクロな状態と安定的に結びつくし、電子に知覚能力があったとしても、スキゾにならなくてよい。では、（5－12）のように分解するか（5－13）のように分解するかはどのように決めればよいのだろうか。

ひとつの考えかたは、世界がすでにスピンのあらゆる軸について右回りと左回りに分かれているというものだろう。しかし、そうすると、一章二六頁の議論を思い出してもらえばわかるように、これはベルの不等式を満たし、それゆえ、アスペの実験に反するのではないだろうか。もちろん、状況から独立に物理量が明確な値をもたないとするコッヘン－

スペッカーの定理にも抵触する。
それを避けようと思えば、測定器と相互作用するときにはじめて、どの状態で分解されるかも決定されるとしなければならない。デコヒーレンスによるすでに述べた議論もそのように解釈できる。しかし、そうすると、測定前のスピンの値の実在性は保証されなくなる。

非局所相関については、状態が収縮するわけではないので、標準的解釈と同じような非局所相関は避けることができると言ってよいかもしれない。ただし、世界が一瞬で二つ（右回りスピンが測定された世界と左回りスピンが測定された世界）に分かれてしまうのだから、そういう意味では非局所性を避けきれていないとも言える。

ともかく、多世界解釈では、局所性については結論を保留するとしても、すくなくとも実在性は守ることができていないように思える。一方、四章で紹介した軌跡解釈では、実在性は守ることができるが局所性を守ることができない。

では、量子力学の解釈において、実在性も局所性も守るような解釈というのは存在しないのだろうか。いや、そのような解釈として期待されるのが、七章で述べる時間対称化された解釈なのである。しかし、その前に、まだ紹介していない主な解釈理論について六章で紹介しておく。

22 「質量」と「重さ」は違うことも思い出そう。質量はその物質そのものがもっている量であるが、重さは、物質にかかる重力のことである。それゆえ、同じ6kgという質量をもつものでも、地球では6kg重の重さをもち（下向きに6kg重の力がかかり）、月では（月は地球の約六分の一の重力なので）1kg重の重さしかもたない。最近は力の単位は中学理科でもニュートン（N）であらわしたりするようだが、ここでは直感的に理解しやすいkg重を使った。
23 原論文では「ニュートロン」というミクロな物質を用いているのだが、光子としても本質は同じである。
24 ここで（5－11）中にiという謎の記号が出てきている。これは「虚数」といって「自乗すると-1になる」という不可思議な「数字」なのだが、本書を読む分にはあまり気にしなくていい。ただの記号だと思って下さい。
25 ところで、なぜバイドマンが「スーパーマン」を出してきたのか知らないが、映画「スーパーマン」で、スーパーマンは、地球の周りを地球の自転とは逆回りに高速度で回ることにより、地球の自転を反転させ、時間を巻き戻すという荒技をやってのけている。もちろん、地球の自転が反転するなんていう現象が起きたとしても時間は戻らないし、無理にそんなことをすると地上は大異変が起きて大変なことになるだろう。

第六章　他にもいろいろな解釈がある

裸の解釈1

本章では、「裸の解釈」「多精神解釈」「単精神解釈」「一貫した歴史解釈」「様相解釈」の五つを紹介する。これらのうち「裸の解釈」と「多精神解釈」「単精神解釈」は、エヴェレットの相対状態の考えを、多世界解釈とは違った仕方で解釈したものである。これらはいずれも、量子力学はそのままで正しく、状態の収縮も起きないとする（つまり、「射影公理」という余分な仮定を必要としないとする）点では多世界解釈と共通するが、世界はただひとつしかないとする点で多世界解釈とは異なる。では、

複数の状態が重ね合わさっているという量子力学の記述とじっさいには一つの状態しか観測しないという事実のあいだにある矛盾

をどうやって解釈するのだろうか。

ふたたび一章の「量子的スクラッチカード」を用意しよう。エヴェレットの相対状態形式によると、太郎がⅠのAを削ったとき、

|白を見た〉$_{\text{太郎}}$|白〉$_{\text{IA}}$ + |黒を見た〉$_{\text{太郎}}$|黒〉$_{\text{IA}}$　（6－1）

という重ね合わせ状態になっている。このとき太郎に、

白か黒かどちらかの色を見ましたか　（6－2）

と質問をすると、|白を見た〉$_{\text{太郎}}$|白〉$_{\text{IA}}$だろうが|黒を見た〉$_{\text{太郎}}$|黒〉$_{\text{IA}}$だろうが、答えは「はい」となるだろう。このことから、

なぜ私たちは、本当は白か黒か確定していない状態なのに確定した結果を得たと「誤って」信じるのか

ということが説明できると「裸の解釈」の支持者は主張するのだ。

このとき、|白を見た〉$_{\text{太郎}}$状態にある太郎は白を見ているわけだし、|黒を見た〉$_{\text{太郎}}$状態にある太郎は黒を見ているわけだから、太郎は「どちらかの色をはっきり見ている」わけではある。だから「白か黒かどちらかの色を見ましたか」という質問に太郎は「はい」

と答えることができる。だが、じっさいはこの二つの（太郎を含めた）状態が重なっているわけだから、「白か黒のどちらかの結果だけを得た」という太郎の信念はまちがっている。

つまり、私たちは測定をすると重なり合った複数の状態から、ただひとつの状態が選び出されていると感じるが、じっさいにはそんなことは起きていない。しかし、（6－1）のような状態にあるので、「誤って」はっきりとした値を得たのだと信じてしまっているだけだというわけである。

前章では述べなかったが、多世界解釈にたいする標準的な解釈支持者からよくなされる指摘として、「射影公理が必要ないと言っても、『なぜこの一つの重ね合わさっていない状態を見ているのか』（観測問題）を説明できていないのだから、結局は射影公理を使っているのと同じことになるやんけ」というものがある。これは裸の解釈支持者に言わせると、「そもそも一つの状態しか見ていないという信念が誤っているのだ」ということになるわけだ。

裸の解釈2

さて、太郎はスクラッチカードを二枚用意して、これらのＩのＡを削ったとしよう。す

ると、太郎とスクラッチカードIのAを合わせた系の状態は、

$$
\begin{aligned}
&|\text{一枚目は白を見て二枚目は白を見た}\rangle_{\text{太郎}}\,|\text{白}\rangle_{IA2}\,|\text{白}\rangle_{IA1}\\
+&|\text{一枚目は白を見て二枚目は黒を見た}\rangle_{\text{太郎}}\,|\text{黒}\rangle_{IA2}\,|\text{白}\rangle_{IA1}\\
+&|\text{一枚目は黒を見て二枚目は白を見た}\rangle_{\text{太郎}}\,|\text{白}\rangle_{IA2}\,|\text{黒}\rangle_{IA1}\\
+&|\text{一枚目は黒を見て二枚目は黒を見た}\rangle_{\text{太郎}}\,|\text{黒}\rangle_{IA2}\,|\text{黒}\rangle_{IA1} \qquad (6-3)
\end{aligned}
$$

という状態になる。ここで太郎に、

あなたは一枚目のスクラッチカードにも二枚目のスクラッチカードにも白か黒かのはっきりした色を見ましたか

という質問をすると、(6－3)式の「＋」で結ばれているどの状態であっても、答えは「はい」となる。ところが、

二枚のスクラッチカードのうち何枚が黒でしたか

という質問になると、どの状態かで答えが変わってくる。それゆえ、たとえば「二枚のうち一枚が黒だ」という答えは（6－3）の状態に対応しない。

しかし、スクラッチカードの数を増やしていくとどうなるだろうか。ＩのＡを削って白になる確率も黒になる確率も１／２であるとき、削るスクラッチカードの数を無限大にすれば、

削ったスクラッチカードのうち、何分のいくつが黒でしたか

という質問にたいする答えは必ず１／２となる。そして、この結果は量子力学から導くことのできる予測に一致する。

つまり、無限にあるスクラッチカードのＩのＡを削ったときの結果は、確率的にではなく一意的に予測できる。これをより一般化すると、無限に用意された同じ系に対して同じ測定をしたときにどの結果がどのような頻度であらわれるかは量子力学により一意的に予測できるということになる。

このことから、裸の解釈によると、量子力学は世界を記述するための完全な理論であ

り、実験が確定的な結果を示すとか、世界は決定論的には発展しないとか、というように思えるのは、じつは幻想とでもいうべき誤りであって、かつ、なぜそのように私たちはまちがえるのかということもまた、量子力学から説明されるのである。

しかし、もし裸の解釈が正しいとすると、スクラッチカードを削って黒になる頻度についての測定結果は、削ったスクラッチカードが無限大になる極限でしか意味をもたない（裸の解釈によると量子力学は決定論的だと言っているわけだが、一意的な予測ができるのは無限大の極限のみだから）。だが、現実問題として私たちが同じ系を無限個用意するのは不可能だから、量子力学の予測が実験結果と一致するのかどうかも示すことができないということになる。つまり、裸の解釈が正しいとすると、裸の解釈が正しいことが（すくなくともこれまで行われた実験・観測結果からは）証明できないということになるのである。

多精神解釈1

多精神解釈（「多心解釈」という訳もある）は、エヴェレットが自身の相対状態形式について、

客観的には連続的で因果的だが、主観的には非連続的で確率的である

と述べたことを受けて、アルバート（三章で思考実験を通してGRW理論の批判をした人）とバリー・ロウアーの二人は、観測者の物質的（肉体的）状態の時間発展と心的状態の時間発展を区別することを提案したものである（ちなみに、アルバートとロウアーははじめは裸の解釈を採っていたのだが、さきに述べた理由で裸の解釈は捨てた）。

　つまり、エヴェレットの前記の発言に対して、「客観的には」というのを「物質的世界では」、「主観的には」というのを「心的世界では」と読み替え、脳の状態（物質的世界）と心の状態（心的世界）は異なると考えたわけだ。

　スクラッチカードの例で言うと、太郎の心の状態は、スクラッチカードを削ることで、$|\text{白を見た}\rangle_{\text{太郎}}|\text{白}\rangle_{\text{IA}}$という状態か$|\text{黒を見た}\rangle_{\text{太郎}}|\text{黒}\rangle_{\text{IA}}$という状態かのどちらか一方になる。どちらの状態になるかの確率は1／2である。しかし、脳の状態（物質的状態）はこれらの重ね合わせだから、裸の解釈と同じく、太郎は「まちがった信念」をもっていることになる。

　三章の冒頭で紹介したフォン・ノイマンによる収縮の議論を思い出すと、かれも物質的状態と心的状態は異なる法則に従う——物質的状態は量子力学に従う——という二元論を取り入れて収縮の議論をした。これとはどうちがうのだろうか。フォン・ノイマンの場合は、意識によって物質的世界の状態が収縮していた。つまり、意識が物質的世界に影響を及ぼしていたわけである。

ところが、多精神解釈の場合は、状態が確定的な状態（たとえば、｜白を見た〉太郎｜白〉IA）になるのは心のなかだけの出来事で、物質的世界は（6－1）式の状態のままである。つまり、意識（精神・心）が物質的世界に影響を及ぼすことはない。

ところで、スクラッチカードを二枚用意して、一枚目を削った後の太郎の心の状態が｜白を見た〉太郎｜白〉IAであったとしよう。すると、二枚目を削った後は、物質的世界の状態は、（6－3）式になるが、太郎の心の状態は、

｜一枚目は白を見て二枚目は白を見た〉太郎｜白〉IA2｜白〉IA1

か、

｜一枚目は白を見て二枚目は黒を見た〉太郎｜黒〉IA2｜白〉IA1

かのどちらかで、これらのうちどちらの状態になるかの確率は1／2であり、その他の状

態になる確率は0である。

多精神解釈2

だが、このままでは少々まずい。たとえば太郎がスクラッチカードを削ったときに$|\text{黒を見た}\rangle_{\text{太郎}}|\text{黒}\rangle_{\mathrm{IA}}$という心の状態になったとしよう。しかし、太郎の脳の状態は

$$|\text{黒を見た}\rangle_{\text{太郎}}|\text{黒}\rangle_{\mathrm{IA}}+|\text{白を見た}\rangle_{\text{太郎}}|\text{白}\rangle_{\mathrm{IA}}$$

である。

さて、ここで、削った後のスクラッチカードを次郎が見て「白を見た」と信じたとすると、次郎の心の状態は

$$|\text{白を見た}\rangle_{\text{次郎}}|\text{白を見た}\rangle_{\text{太郎}}|\text{白}\rangle_{\mathrm{IA}}$$

になるはずである。だが物質的世界の状態は

$|\text{黒を見た}\rangle_{\text{太郎}}|\text{黒を見た}\rangle_{\text{次郎}}|\text{黒}\rangle_{IA}+|\text{白を見た}\rangle_{\text{太郎}}|\text{白を見た}\rangle_{\text{次郎}}|\text{白}\rangle_{IA}$

になるはずで、太郎からすると、次郎は自分の「黒を見た」という結果に同意してくれているはずである。だが、次郎の「心」は「黒を見た」と信じていないのだから、太郎に同意している次郎は心をもっていないということになる。逆に「白を見た」と信じている次郎に同意する太郎はやはり心をもっていないということになる。

　この問題を解決するために、意識のある物理系（注26）はすべて連続無限の心の集団をもっているとする。それゆえ、この解釈は「多精神解釈」と呼ばれるのである。

　スクラッチカードを削ると、太郎の心の集団のうち半分は$|\text{黒を見た}\rangle_{\text{太郎}}|\text{黒}\rangle_{IA}$となるが、もう半分は$|\text{白を見た}\rangle_{\text{太郎}}|\text{白}\rangle_{IA}$となるわけである。すると、太郎に同意する次郎も次郎に同意する太郎もどちらも心をもっているということになる。

　シュレーディンガーの猫の場合だと、物質世界では猫は生きている状態と死んでいる状態が重なり合わさっているのだが、それを観測している太郎の心の半分は生きている猫を見ていて（見ていると信じていて）、残り半分は死んでいる猫を見ている（と信じている）ということになる（図6－1）。

　この多精神解釈ではＥＰＲ的状況はどう説明されるだろうか？　スクラッチカードをＩ

図6－1：観測者の心の半分では猫は生きていて、残り半分では死んでいる

とⅡに分け、Ⅰを太郎が、Ⅱを花子がもち、二人ともAを削ることにする。スクラッチカードを削ると、すでに説明したように、太郎の心の半分は|黒を見た$\rangle_{太郎}$|黒$\rangle_{IA}$となり、もう半分は|白を見た$\rangle_{太郎}$|白$\rangle_{IA}$となる。同様に、花子の心の半分は|黒を見た$\rangle_{花子}$|黒$\rangle_{IIA}$となり、もう半分は|白を見た$\rangle_{花子}$|白$\rangle_{IIA}$となる。

そして、量子力学が予測するような相関が二人の測定結果に見られるのは、二人が連絡を取り合ったときである。つまり、ここでは、なんの非局所的な相関もない。状態ベクトルであらわすと、太郎の側からいえば、心の半分は、

|黒を見た$\rangle_{太郎}$|黒$\rangle_{IA}$ ⇒ |白を見た$\rangle_{花子}$|白$\rangle_{IIA}$ |黒を見た$\rangle_{太郎}$|黒$\rangle_{IA}$

となり、もう半分は、

|白を見た$\rangle_{太郎}$|白$\rangle_{IA}$ ⇒ |黒を見た$\rangle_{花子}$|黒$\rangle_{IIA}$ |白を見た$\rangle_{太郎}$|白$\rangle_{IA}$

となるわけである。

さらに多精神解釈にはどの状態で分解するのかという問題もない。多世界解釈と違っ

て、物理的な世界が分岐してしまうと考えなくてよいということの利点があらわれているのである。

また確率の問題もうまく解決できる。たとえば「白」という測定結果を得ることのできる確率が1／2であるということは、観測者の心のうちの1／2が「白という測定結果を得た」という状態になるということである。

多世界解釈のように無駄に（と思える）存在者を増やす必要性もない。物質的な存在者は測定によって増えることがない。精神も増えるわけではなく、はじめから連続無限にある心が測定によって分岐していくのである。

だが、このような利点があるのにもかかわらず、多精神解釈には、多世界解釈に比べて支持者が少ない。これはやはり物心二元論に抵抗があるからであろう。そして、物質世界は量子力学的法則に従うのでよいが、心的世界については量子力学では記述できない変化を認めるわけだから、隠れた変数理論の一種であることも要因かもしれない。

単精神解釈

さきに、単精神解釈だと「心のない次郎（太郎）」を考えなければならないという話をした。しかし、単精神解釈でも「心のない次郎（太郎）」問題を避ける方法がある。

「普遍的精神」を考える解釈である。つまり、太郎も次郎も共通の心をもっているとする。すると、太郎の心の状態が$|\text{黒を見た}\rangle_{\text{太郎}}|\text{黒}\rangle_{\mathrm{IA}}$に収縮したならば、次郎が測定したときは太郎の心も次郎の心も$|\text{黒を見た}\rangle_{\text{次郎}}|\text{黒}\rangle_{\mathrm{IA}}$に収縮するのである。

だが、これでも「心のない次郎（太郎）」問題は残る。つまり、$|\text{白を見た}\rangle_{\text{太郎}}|\text{白を見た}\rangle_{\text{次郎}}|\text{白}\rangle_{\mathrm{IA}}$に対応する太郎と次郎にはやはり心がないからだ。だが、（意識のある）私たちは、心のない太郎とも次郎とも出会うことはない。それゆえ、実質的にこの問題は避けられるとする。

もちろん、この解釈でも、多精神解釈と同様に、強い物心二元論にコミットすることになる。そして、精神はやはり量子力学では記述しきれないものとなる。

一貫した歴史解釈（多歴史解釈）1

「無矛盾な歴史解釈」という訳もある。ロナルド・オムネスによって提唱され、その後、オムネスとロバート・グリフィス、およびマレイ・ゲルマンとジェイムズ・ハートルによって発展させられた。

まず、「歴史」を定義する。「歴史」とは、

閉じた系における、異なる時間で生じた出来事の連なり

である。ここで「閉じた系」というのは、外部からの影響がない系のことである。たとえば、「地球」というのも一つの系としてみることができるが、地球は太陽などからエネルギーを与えられているし、地球からも外部に向かってエネルギーなどを放出するので、閉じた系ではない。厳密に言うと、閉じた系というのは宇宙全体以外には存在しないと考えられるが、議論の都合上、閉じた系というのを仮定することが多い。

そして、一貫した歴史解釈では、このように定義された歴史が並行していくつも存在し、それらにそれぞれ量子力学によって計算された確率を付与するのである。それでそれがどうした？　という話なのだが、ここでちょっと「確率」についての勉強をしよう。確率について基本的なことは知っているという読者は次の節（一貫した歴史解釈《多歴史解釈》2）まで飛ばしてよい。

たとえばコインを投げて表が出る確率が１／２だとすると、裏が出る確率はいくらだろうか。もちろん、１／２だ。では、ちょっと偏ったコインで表が出る確率が２／３だったら、裏が出る確率はいくらだろうか。答えは１／３だ。さて、ではこの１／３という答えはどのように出てきたのだろうか。1－2/3＝1/3を計算して出てきたのだった。ではなぜ

この方法で出てくるのかというと、

表の出る確率＋裏の出る確率＝1（＝表か裏が出る確率）　（6－4）

だからだ。ではなぜ（6－4）式が成り立っているのかというと、コインを投げれば表が出るか裏が出るかのどちらかだからだ。つまり、確率が1というのは必ずそうなるということであり、そして裏か表かが必ず出るのだから、これら二つの確率を足し合わせれば1になるわけである。同様に考えると、どんなに偏ったサイコロでも、一から六までの各数字が出る確率をすべて足し合わせると1になる。

ただ、どのような場合でも、すべてのありうる結果の確率を足し合わせると1になるのかというとそうではない。たとえば、いま中が見えない箱があるとしよう。この中には、白いボールが二つ、黒いボールが三つ、白黒のボールが四つ入っている。つまりボールは計九つある。

さて、この箱から一つボールを取り出して、そのボールが少しでも白い確率は2／3（6／9）で、少しでも黒い確率は7／9である。この二つの確率を足し合わせると、

$2/3+7/9=13/9$（1と4/9）

となり、1にはならない。これは、白でも黒でもあるボールが存在するからだ。合計が1になるためには、白が出るという出来事と黒が出るという出来事が排反でなければならない。「排反である」とは、それ（取り出したボール）が白であるならばそれは黒ではないし、黒であるならば白ではないということである。

出来事AとBがたがいに排反するならば一般に

Aが生じる確率＋Bが生じる確率＝AかBかが生じる確率　（6－5）

が成り立つ。

一貫した歴史解釈（多歴史解釈）2

さて、量子力学の話に戻ろう。二重スリットの実験を考える（図6－2）。時刻t_0で光源から放出された光は時刻t_1でスリットを通ってt_2にスクリーン上の点Cに到達したとしよう。このとき、スリットBは通らずスリットAを通って点Cに到達する「歴史」（これをh_A

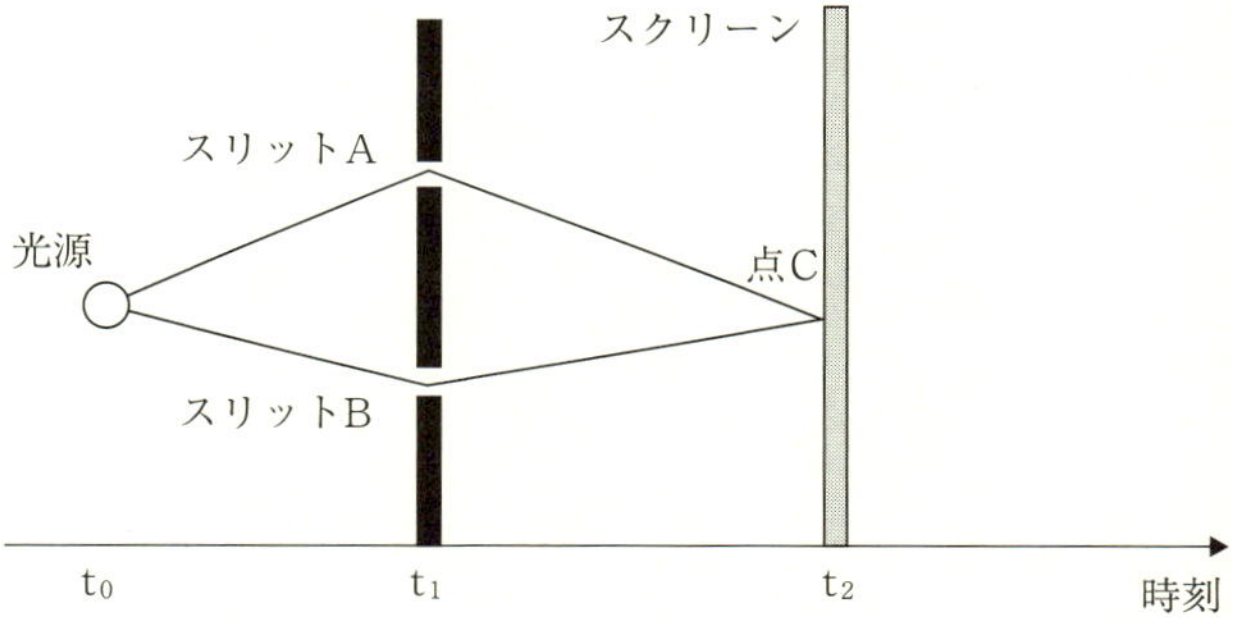

図6－2：スリットAを通った歴史とスリットBを通った歴史

と名づけよう）と、スリットAは通らずスリットBを通って点Cに到達する「歴史」（これをh_Bと名づけよう）の二つの歴史を考える。

さらに、スリットAかBかのどちらかを通って点Cに到達する「歴史」（これをhと名づけよう）も考える（歴史hは、言い換えれば、Aを通ったのかBを通ったのかが決定されていないときの歴史である）。

量子力学の教えるところによれば、

$$h_A\text{の確率} + h_B\text{の確率} \neq h\text{の確率} \qquad (6-6)$$

となり、（6－5）式が成立していない。このような歴史の組は「一貫していない」と言う。h_A、h_B、hが一貫していないのは、A（B）だけを通っている歴史（h_Aやh_B）では干渉が消えるが、AかBかを通った（Aを通ったのかBを通ったのかが決定されていない）歴史（h）では干渉があるということと関わりがある。

さて、（6－6）式の左辺と右辺をそれぞれ計算してやってその結果を見比べたとき、右辺の方には左辺にはない項が出てくることがわかる。これを「干渉項」と呼ぶのだが、一貫した歴史解釈の肝は、この干渉項がうまく消える条件（無矛盾条件）を求めてやることにある。

そうすると、右辺に余分についていた項がなくなるわけだから、左辺＝右辺、すなわち（6－5）式が成り立つことになる。これはなにを意味するのかというと、右辺のAを通ったかBを通ったかを決定していない歴史の確率がAを通った歴史の確率とBを通った歴史の確率の合計と等しくなるわけだから、

どちらのスリットを通ったのかを決定してなくとも（検知器などで測定していなくとも）光はAを通ったかBを通ったかのどちらかである

ということになるのだ。なぜなら、（6－5）式が成り立つということは、「Aを通った」という出来事と「Bを通った」という出来事が排反である、つまり、Aを通ったならばBを通ったのではないし、Bを通ったのならばAを通ったのではないということだからだ。

こうして量子力学だけを用いて、しかも哲学的な議論をせずに、「AかBのどちらかを通った」ということを言えてしまっていることになる。

デコヒーレンス理論との類似に気付かれる読者もいるかもしれない。デコヒーレンス理論は、基本的にマクロに区別できる状態間の干渉項が環境との相互作用で消える（小さくなる）という理論であったが、一貫した歴史解釈では、マクロに区別できない状態間の干渉項も無矛盾条件さえ満たせば、消えることになる。

言い換えれば、無矛盾条件を満たすようなやりかたで、中間状態を異なる「歴史」に分割してやって、測定していないときはこのような歴史が実現していると考えれば、測定していないときにも明確な歴史をもっていると解釈できるということである。

問題点はデコヒーレンス理論と同じで、ゲルマンとハートルが提唱した無矛盾条件では、干渉項が完全に消え去るわけではなく、微小な干渉項が残る。これがその後どう影響を与えるかということがわからない。

ところで、「はじめに」で少し言及したように、スティーヴン・ホーキングは「無からの宇宙の創生」の研究もしているが、それと関係して「ハートル－ホーキングの境界条件」というものがある。ここに出てくるハートルは、本節で出てくるハートルと同一人物である。現在の宇宙論によると、宇宙は膨張しているのだが、これは逆に言うと、過去へさかのぼれば宇宙は一点から始まったことになってしまうということである。しかし、ホーキング（と三章で出てきたペンローズ）は、宇宙が一点から始まったとすると、そこではあらゆる物理法則が成り立たなくなってしまうことになることを証明した。これを「特異点定理」という。だが、ホーキングとハートルは、宇宙が「虚時間」というものから始まったとすると、特異点をうまく避けられると主張して、これをホーキングの境界条件は「境界がないことが境界条件である」と表現する。これがハートル－ホーキングの境界条件である。この辺りの詳細は、佐藤勝彦著『インフレーション宇宙論』（講談社ブルーバックス）にわかりやすく書かれている。

様相解釈1

標準的な解釈では、測定していないときはどの物理量も明確な値をもたない、それゆえ物理量は実在しないという解釈であった。一方で、裸の解釈や多（単）精神解釈は、測定の際ですら物理量が明確な値をもっていることを否定し、測定によって物理量が明確な値を得ることができるように思っているのは、いわば幻想のようなものだとするのであった。

また、軌跡解釈では、粒子の位置は測定していないときもつねに明確に決定されていたが、それ以外の物理量——運動量やスピンなど——が測定していないときも明確な値をもっているかどうかは「状況依存的」なのであった。状況依存的であるとは、測定器がどのようにセッティングされているかなどといった「状況」によって、「どの物理量が測定前から明確な値をもっていた（実在している）」と言ってよいかどうかが決まるということである。

そして、様相解釈は、位置も含めたすべての物理量が状況依存的であるとする解釈である。はじめはバス・ファン・フラーセンによって提唱されたのだが、現在は、どの物理量が実在していると言ってよいかは、どのような状況にどのような仕方で依存するのかによっていくつかのヴァリエーションがある。

第二章でも言及したが、最近の研究ではボーアの相補原理による量子力学の解釈は様相解釈の一種ではないかともいわれている。つまり、「運動量を測定する」という実験設計の状況の下では測定前から運動量が実在して、「位置を測定する」という実験設計の状況下では測定前から位置が実在するわけである。もし本当にボーアが考えていた解釈がこのようなものであるなら、ハイゼンベルクはおそらく認めないような考えかたであり、二章で述べたように、ボーアの解釈をコペンハーゲン解釈の名のもとでくくってしまうのは問題があるといえよう。

さて、しかしそうなると、たとえばEPR的な状況で、はじめはz軸のスピンを測定するという実験設計をしていて、電子が測定器に到着する直前に「やっぱりやめた！」と言って、x軸のスピンを測定する実験設計に変えればどうなるのだろうか？　x軸のスピンとz軸のスピンは同時に確定的な値をもつことはできないのだった。それゆえ、z軸のスピンを測定する設計のもとではz軸のスピンは実在するが、x軸のスピンは実在しないことになるはずだ。ところが、実験設計をx軸のスピンを測定するものに変えたとたんに今度はx軸が実在することになり、z軸のスピンが実在しないことになる。いくらなんでもこれに「実在」という言葉を適用するのは無理があるように私には思える。

様相解釈2

最後にもう一つ、コッヘン、リチャード・ヒーリー、デニス・ダイクスがそれぞれ提唱したヴァージョンを紹介しておこう。かれらによると、決まった値をもつ物理量は考えている系全体の状態に依存する。いま測定器と電子からなる系の状態を考える。これまで何度か出てきたように、この状態（これを|S〉と書く）は任意の仕方で複数の状態に分解できる。たとえば、

$$|S\rangle = |「右回り」\rangle_{測定器z}\,|右回り\rangle_{電子z} + |「左回り」\rangle_{測定器z}\,|左回り\rangle_{電子z} \quad (6-7)$$

というように分解できる。ここで$|「右回り」\rangle_{測定器z}$は測定器が電子のz軸スピンが右回りであると示した状態であり、$|右回り\rangle_{電子z}$は電子のz軸スピンが右回りである状態である。このとき、分解された状態ベクトルが直交していて、かつ直交する（正確に言うと二重直交する）ような分解の仕方がこれだけであるならば、この測定器と電子からなる系の状態が$|S\rangle$であるとき、電子のz軸スピンは測定の有無にかかわらず実在するということになる（スピンの値は決定している）。

ただし、これまで話を簡単にするために無視してきたが、分解したときの係数も重要になる。ある理由によって、二重直交する分解の仕方が一つしかない場合は、直交分解したときの係数がすべて異なる場合のみである。同じ係数がある場合には分解の仕方が無数にあり、そうすると状況依存的にではなく明確な値をもつ物理量が多く存在することになるので、コッヘン－スペッカーの定理に抵触することになる。

そのほかに、コッヘン－ヒーリー－ダイクスの様相解釈にはどのような問題があるだろうか。その話をする前に、「固有値」「固有状態」という概念について説明しておこう。たとえば電子一個からなる系のスピン状態が｜右回り〉であるとき（｜右回り〉＋｜左回り〉のような重ね合わせ状態にないとき）、この系はスピンの「固有状態」にあるという。そして、系が｜右回り〉とあらわされる固有状態にあるとき、この電子のスピンは「右回り」という明確な値をもっている。この値を「固有値」という。標準的な解釈では、物理量は、系がその物理量の固有状態にあるときのみ明確な値（固有値）をもつ。それにたいして、様相解釈では、系がある物理量Qの固有状態にないときにでも、Qが状況に依存して明確な値をもつことがあると主張するわけである。

さて、コッヘン－ヒーリー－ダイクスの様相解釈を固有値や固有状態という言葉を使って言い直すと、

> いま状態|S〉が二重直交する複数の状態に分解でき、そしてそれぞれの係数が異なるとき、その分解したそれぞれの状態が固有状態となるような物理量が明確な値（これはその固有状態の固有値）をもっている

ということである。たとえば|S〉が（6－7）のように二重直交分解できるのならば、この電子のz軸スピンはつねに（測定前から）明確な値をもつ（｜右回り〉$_{電子z}$ や｜左回り〉$_{電子z}$ は電子

のz軸スピンの固有状態となりうるから)。

ところが、現実の測定には必ず――たとえ限りなく0に近くても有限の――誤差があるので、ある物理量Qを測定して得られた測定値は、(系がQの固有状態で分解できていても)Qの(正確にはQを測定する測定器がもつQに対応する物理量の)固有状態の固有値にはなっていない。言い換えると、|S〉を別の物理量の固有状態で分解したときの固有値になっていて、その物理量がQと両立不可能である場合もあるだろう。

以上のことを状態ベクトルを用いて説明しなおそう。ただし、いままでと同じく係数は無視している。Qの固有状態には|A〉と|B〉があるとすると、系の状態|S〉は、

|S〉=|「A」〉|A〉+|「B」〉|B〉　(6-8)

と分解できる。|「A」〉(|「B」〉)は測定器の状態で、測定したときに物理量Qの値が|A〉(|B〉)の固有値であったという状態をあらわしている。

だが、じっさいに測定しても、誤差があるため、測定結果は|A〉または|B〉の固有値とぴったり一致しない。それぞれの固有値をaおよびbとして、測定誤差がeだとすると、じっさいには状態|S〉は、a+eとb+eを固有値とするような固有状態(これをそれぞれ|α〉と|β〉と

しょう）に分解されるべきである。つまり、

$$|S\rangle = |「\alpha」\rangle|\alpha\rangle + |「\beta」\rangle|\beta\rangle \quad (6-9)$$

となる。ここで状態$|\alpha\rangle$および$|\beta\rangle$を固有状態とする物理量をPとすると、この系が明確な値をもっているのは物理量Pの値であり、物理量Qに関しては明確な値をもっているとは言えないのである。

　それゆえ、この解釈は、測定が完全に理想的に行われたときのみ有効であるが、現実的にはそのようなことはありえないので、この解釈はうまくいかないのだ。

26　要するに人間のことだが、もしかしたら人間以外の動物も「信じる」「思う」などという心の状態があるのかもしれないし、宇宙には意識をもつ知的生命体が存在する可能性もあるので、こういう言い回しになった。

第七章　過去と未来を平等に考えてみる

一章と二章では「物理量の非実在性」「非局所性」「状態の収縮」「粒子と波の二重性」というキーワードでミクロ世界の不思議さを見てきた。そして、三章から六章で、これらの謎を解くさまざまな試みを概観してきたが、いずれも不満が残った。

本章では、「未来が現在に与える影響」というものを考慮して、右記の謎を解こうという試みを二つ紹介する。これはこれまで本書で見てきた理論・解釈にはなかったアイデアだ。残念ながら、二つのうちはじめに見る「交流解釈」には大きな欠点があるが、二つ目の「時間対称化された解釈」は、筆者はかなり有望なアイデアだと思っている。

未来が原因となって現在が決まる

さて突然、話が変わるようだが、未来が現在に影響を与えることは可能だろうか？　ふつう、原因は結果に時間的に先行する。「太鼓をたたく」「太鼓が鳴る」という二つの出来事がこの順序で生じた場合、太鼓が鳴ったことの原因は太鼓をたたいたことであって、太鼓が鳴ったから太鼓がたたかれたわけではない。これがふつうの私たちの考えかたである。

一方で、未来の出来事が現在や過去の出来事を決めたり、現在の出来事が過去の出来事を決めたりするような因果関係を「逆向き因果」という。逆向き因果は可能だろうか。

たとえば、太郎がある試験を受けたとしよう。そして、試験の結果は一二月一日朝九時に発表される。太郎は一日の一〇時に発表を見に行くが、その直前、すなわち、すでに合否が決まっている時点で、「どうか合格していますように」と祈ったとする。このとき、もし本当に太郎の祈りが合否に影響を与えているならば、これは、「一〇時の祈り」が原因となって「九時以前の合否」という結果を生じさせるのだから、逆向き因果ということになる。

もちろん、現実にはこんなことは起こりえないが、ここで言いたいことは、結果が原因に時間的に先行するというのは、因果という概念の定義上、ありえないということはなく、とりあえず「論理的には」ありうるということである（相対性理論を信じると物理的にもありえないことではない）。

さて、いったいこの話が量子力学とどう関係するのであろうか。科学哲学者のヒュー・プライスは、量子力学において逆向き因果が生じていれば、ＥＰＲ実験でも非局所性の問題は避けうると主張した（図7－1）。

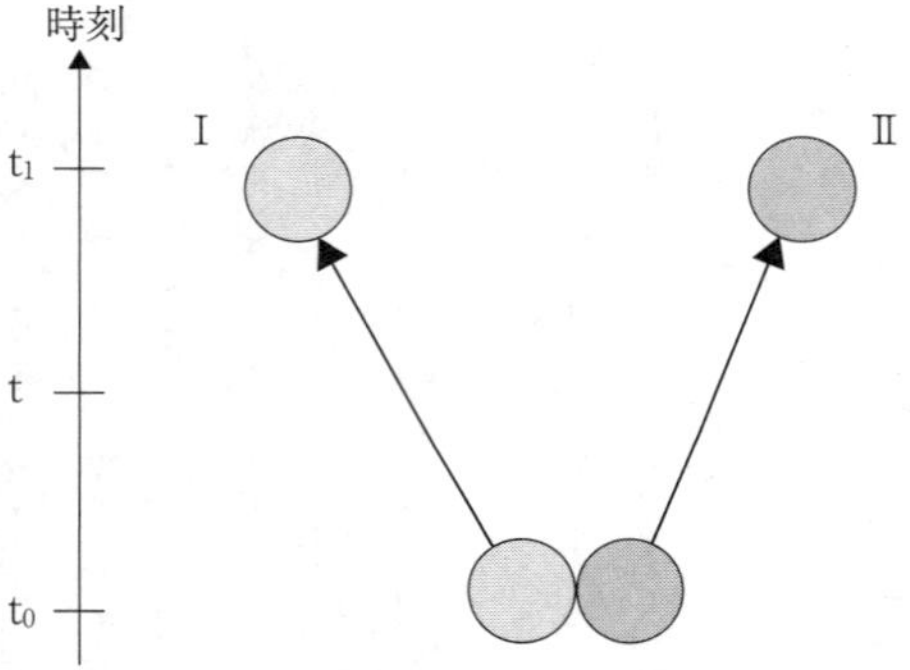

図7－1：時刻 t_1 でのスピン測定が過去をさかのぼって t_0 のスピン状態に影響を与える？

ベルの不等式を導く際のポイントは、三つの軸のスピンがすべてあらかじめ決定されていることにあった。しかし、t_1で行われた測定が原因でそれよりも過去であるt_0におけるスピンの値が決定されるとすればどうだろうか？　このとき、t_1においてＩとⅡのどの軸が測定されるかが、いわば「わかっている」わけだから、t_0においてはその軸のスピンの値だけが決まっていればよく、それゆえ、ベルの不等式を破っていても問題はない。もちろん、コッヘン－スペッカーの定理にも抵触しない。

こうすれば、物理量の実在も守られるし、t_1におけるＩの測定の瞬間に、Ⅱのスピンが決定するという非局所性も避けることができるのである。

どのようなときに逆向き因果があるのか

だが、このようなＥＰＲ実験において逆向き因果が生じているとする根拠にはどのようなものがあるのだろうか。プライスによると、そもそも「原因と結果（因果）」という概念は人間がつくったものであり、世界の側に客観的に存在しているものではないという。

たとえば、「色」のようなものである。客観的に存在しているのは光の波長で、波長に応じて、それを受け取った人間が「赤色」だとか「青色」だとかと判断するわけである。それと同じで、原因と結果という関係（因果関係）が客観的に存在するのではなく、実際に生じた複数の出来事のあいだに人間が因果関係を見るのである。

プライスによると、ある出来事Cが別の出来事Eの原因であると私たちが考えるのは、

Eを達成するための手段であるとCをみなす

ときであるという。「太鼓の音を鳴らす」という目的を達成するためには、「太鼓をたたく」ということが目的達成のための手段の一つであると私たちはみなしているから、「太鼓をたたくこと」は「太鼓の音が鳴ること」の原因だと思うわけである。もちろん、そのようにみなすためにはそれまでにこれら二つの出来事（もしくは同じタイプの出来事）が時間的・空間的に引き続いて生じたという経験が必要であろう。

しかし、因果関係が私たちのものの見かたに依存するにしては、原因が時間的に結果に先行するという考えは容易には払拭できない。それはなぜだろうか。

このことも「色」との比喩で考えると理解できるだろう。たとえばある物質が青色に見えたからといって、青色がその物質固有の性質だというわけではない。暗闇では色は見えないし、色つきの眼鏡をかけるとか、白色光以外の光のもとで見るとかすると、ちがう色に見えるだろう。だが、それでも、ある一定の条件下でその物質が青色に見えるのは、その物質がもっている固有の性質によるものである。そのような「ある条件下で人間を刺激してある特定の感覚を生じさせるような物質の性質」を「二次性質」という。ちなみに、大きさや質量は、どのような状況でも変わらない性質だと考えられるので、これを「一次性質」という(注27)。

因果関係の場合も同じで、たしかに、因果関係は客観的に世界に存在する関係ではないのだが、

ある一定の条件下では私たちはある決まった因果関係を見る

のである。そして、因果の場合は色以上に、私たちはそれを見るときの条件を自由に選択

できない。それゆえ、あたかも「原因が結果に先行する」ということが客観的な事実であるように思えるのである。では、その私たちを「原因が結果に先行する」と思わせる「ある一定の条件」とは何であろうか。私たちは

過去を知っていて未来を知らないがゆえに、過去は固定されていて未来は開いているように感じる。

この事実こそが、私たちが自由に変更することができない事実であり、それ（過去を知っていて未来を知らないこと）が私たちに原因は結果に先行すると思わせる条件なのである。

しかし、「現在のことは知っていて過去のことは知らない」という状況はありうる。たとえば、太郎の合否発表の例を思い出してみよう。合否の決定は過去に生じた出来事であるのに、太郎はまだそれを知らない。それゆえ、過去は固定されておらず、現在の祈りによって過去を変えうると信じることができるわけである。

同様に、EPR実験でも、測定まではスピンの値はわからない。それゆえ、測定という現在の行為によって、過去のスピンの値を変えることができるわけである。

だが、この議論で納得できる読者はあまりいないであろう。祈りの例にしても、それは

たんに、まだ合否を知らないから祈りで変えられるかもしれないと信じることができるだけの話で、じっさいには、祈りで合否を変更できるわけではない。

もちろん、プライスが言っているのは、とりあえず出来事間の相関は客観的にあるとして、そのうえで、どちらを原因でどちらを結果とみなすかは主観の問題であるということであろう。

しかし、そうであるとしても、EPR実験の状況は、「逆向き因果であるととらえるのが可能な状況」であるにすぎない。繰り返すが、結果となる過去の出来事を私たちが知らない状況下であっても逆向き因果がじっさいに生じている保証はない。

因果の向きは主観的か?

また、「結果となる過去の出来事を知らない」という状況でのみ逆向き因果が生じるという考えかたは、逆向き因果を考える際に生じるさまざまなパラドクスを回避するのには都合がよいが、物理的には、結果となる過去の出来事を知っていても逆向き因果が生じる可能性はある。

相対性理論によると光速を超えて移動するものはない、と非局所相関を説明したところで述べたが、正確には、光速以下であったものが光速を超えることはないということである。だから、光速を超えて移動する物体の存在を禁止しているわけではない。ただし、光速を超えて移動している物体は光速以下にならない。このような光速を超えて移動している物体のことを「タキオン」と呼ぶ。ＳＦ好きの読者は聞いたことがあるかもしれない。

そして、このタキオンは、相対性理論によると、過去にさかのぼって情報を伝達することができるという。それゆえ、たとえば、二〇一〇年の年末ジャンボ宝くじの当選番号を、二〇一一年一月になんらかの方法でタキオンに乗せ、二〇一〇年一二月に送ったとすると、受信者はその情報にもとづいて宝くじを買うだろう。つまり、二〇一一年の出来事（タキオンによる宝くじ当選番号情報の発信）が過去である二〇一〇年末の出来事（当選番号のくじを買う）を引き起こしたわけであるから「逆向き因果」である。

このとき、未来から送られた情報にもとづいて宝くじを買った受信者（送信者と同一人物だとする）は、当然、ここに逆向き因果が発生していることを信じるわけだが、同時に、自分が結果に相当する出来事の行為者なのだから、二〇一〇年末、つまり二〇一一年の「原因」となる出来事を起こす前の時点で、すでに「結果」を知っている（自分が二〇一一年に当たりくじの情報を送ったおかげで二〇一〇年末に当たりくじを買うことができた）。

つまり、プライスの提示した条件下ではなくとも、逆向き因果が生じている。ただし、本書でのテーマから外れるので詳論はしないが、こういう状況下では、さきほど少し言及したように、パラドクスが生じることがある。しかし、一応、そういうことが物理的には不可能ではない。

逆向き因果によって局所性と実在性を守るというプライスのアイデア自体はよいのだが、EPR実験の状況下において、逆向き因果が実現しているという根拠に乏しいのが難点である。

以下では、逆向き因果とは少し違い、過去と未来の両方が現在の状態を決めるというアイデアによって、局所性と実在性を守るような試みを二つ紹介する。プライスのアイデアでは、ある状況下でのみ逆向き因果が生じたわけであるが、以下の二つの解釈では、どのような状況下でも（それゆえ厳密に言うと、マクロな世界でも）、現在の状態というのは過去と未来の状態の両方から決定されているのである。

クライン－ゴルドン方程式に注目する

ジョン・クレイマーは、シュレーディンガー方程式ではなく、クライン－ゴルドン方程式といわれる量子力学の基礎方程式に注目した。じつは、シュレーディンガー方程式には相対性理論が取り入れられていない。一方、クライン－ゴルドン方程式は相対性理論を取り入れている。もちろん、ここで言っているのは特殊相対性理論の方である。

そしてクレイマーは、シュレーディンガー方程式は相対論的効果を取り入れていないけど、クライン－ゴルドン方程式の方はちゃんと相対論的効果も取り入れているのだから、こちらのほうがよりよい方程式だよね、だから量子力学の解釈もこっちにもとづいて考えた方がいいよねと言う。そして、シュレーディンガー方程式とクライン－ゴルドン方程式の「形」を見比べたとき、一つの大きなちがいがあることを指摘するのである（図7－2）。

$$i\hbar\frac{\partial}{\partial t}\psi(t)=\hat{H}\psi(t)$$

$$\frac{1}{c^2}\frac{\partial^2}{\partial t^2}\psi(t)=\left[\nabla^2-\left(\frac{mc}{\hbar}\right)^2\right]\psi(t)$$

図7－2：シュレーディンガー方程式（上）とクライン－ゴルドン方程式（下）

式の意味はわからなくていいから、とりあえず形の違いにだけ注目してこれら二つの方程式を見比べてみてほしい。上の式がシュレーディンガー方程式で、下の式がクライン－ゴルドン方程式である。

なんだかおそろしげな記号が並んでいるがあまり気にしなくてよくて、注目してほしいのは、左辺の$\frac{\partial}{\partial t}$と$\frac{\partial^2}{\partial t^2}$である。ここで$t$は時間の変数である。だれにでも、$\partial$と$t$の右上に2がついているかついていないかの差だというのはわかるだろう。

さて、このちがいは、これらの方程式を$\psi(t)$（これが四章のはじめにちょろっとだけ出てきた「波動関数」である。(t)がついているのは、波動関数の変数が時間であることを示す）について解いたときに、解が一つしかないか、二つあるかというちがいとしてあらわれる。

たとえば、$x-1=0$を解けば、解は1の一つだけである。ところが、$x^2-1=0$を解けば、+1と−1の二つがある。このちがいのようなものだと思えばよい。しかも、いまの例と同様に、図7－2の式を解いて得られた二つの波動関数のちがいはtの前につく符号のちがいのみとなる。

未来と過去が握手をする

さて、しかし、このクライン－ゴルドン方程式に注目したからといってなにか新しいことが出てくるのだろうか？

いま述べたように、クライン－ゴルドン方程式を解くと、波動関数$\psi(t)$が二つ得られる。そしてこれらのちがいは時間をあらわす変数の符号だけである。

そこで、一方が過去から未来へと伝達する波動関数ならば、もう一方は（時間変数の符号が異なるので）未来から過去へと伝達する波動関数だと解釈する。通常は、未来から過去へと伝達する波動関数という解は「物理的に無意味な解」として捨て去られるのだが、クレイマーはこれを真面目に受け取りましょうというわけだ。

いま時刻t_0においてA点から発射された電子のスピンが、時刻t_1においてB点にある測定器で測定されたとしよう。私たちの通常の過去から未来への方向を正の方向とすると、$t_0 < t_1$となる。

このとき、（過去から未来への方向を正の方向としているので）二つの波動関数のうちtの符号がプラスのもの（これを遅延波と呼ぶ）が過去から未来へと伝達するもので、マイナスのものが未来から過去へと伝達するもの（これを先行波と呼ぶ）となる。それゆえ、A点とB点のあいだには、時刻t_0においてA点から未来（t_1）に向かって伝達される遅延波と時刻t_1においてB点から過去（t_0）に向かって伝達される先行波が重ね合わさっていることになる。

このあたりのことを、もうすこし丁寧に図とともに見ていこう。以下では三つのステップで述べるが、その記述はじっさいの時間の流れに沿ったものではない。その点に気を付けないと頭の中がごっちゃになるので図7－3も参考にしつつ、よく注意しながらゆっくりと読んでほしい。

1．電子がt_0で放出された際に、$t > t_0$の時間方向（未来へ）と$t < t_0$の時間方向（過去

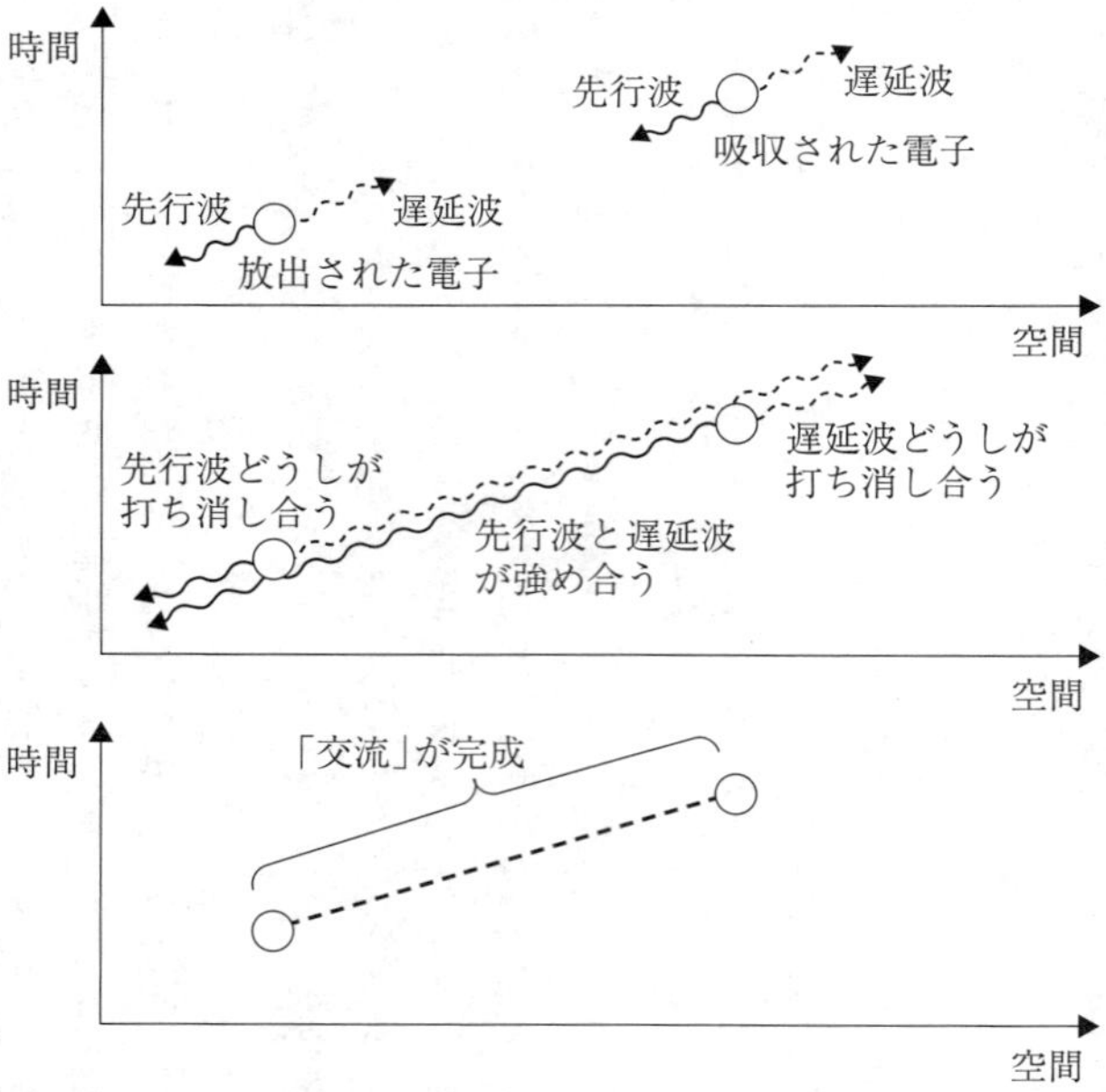

図７－３：過去と未来が握手をして電子が実在する？

へ）の双方へ二つの波動関数（遅延波と先行波）がそれぞれ放出される。この二つの波動関数はたがいに位相が一八〇度ずれている。

2．そして、$t=t_1$で電子が測定器と相互作用すると、今度は$t>t_1$と$t<t_1$の双方へ、ステップ1で放出された遅延波および先行波とは位相がそれぞれ一八〇度だけずれた遅延波と先行波がふたたび放出される。

3．すると、$t_0<t<t_1$において、ステップ1で発生した遅延波とステップ2で発生した先行波が出会い干渉して（これらは三六〇度位相が違うので強め合う）、これらの合成波が生じ、これにより、電子は実体化する（「交流が完成した」と言う）。一方、$t<t_0$においては、二つの先行波が干渉して打ち消しあい、$t>t_1$においても、やはり二つの遅延波が干渉して打ち消しあう。それゆえ、電子が放出される前（$t<t_0$）には電子は存在しないし、電子が測定器と相互作用して吸収されてしまって以後（$t>t_1$）も電子は存在しない。

以上が、クレイマーによるクライン－ゴルドン方程式を用いた解釈である。これを「交流解釈」と呼ぶ。さて、この交流解釈では、ＥＰＲ実験がどのように説明されるのであろうか。

交流解釈でミクロ世界の謎は解決するのか

いま二つの電子のスピンを測定する（図7－1、一九六頁）。z軸スピンをt_1で測定したとすると、時間をさかのぼって、$t_0<t<t_1$の電子のz軸スピンが決定する。t_0において放出されたスピンの波動関数はあらゆる軸に関するものであっても、t_1において放出された波動関数（先行波）はz軸スピンに関するものなので、t_0で放出されたz軸スピンに関する波動関数（遅延波）と強め合い、z軸スピンが定まると考える。

プライスの議論と同様で、交流解釈では、じっさいに測定される一つの軸のスピンが決定されていればよいので、コッヘン－スペッカーの定理にもベルの定理にも抵触しない。

一方で、プライスらの議論では明確になっていなかった、逆向き因果が存在するということの根拠が交流解釈では明確になっている。すなわち、時間変数の符号が異なる二つの波動関数がクライン－ゴルドン方程式から導かれるということである。

ただし、いま「逆向き因果」と言ったが、正確に言うと、逆向き因果とは少し異なる。逆向き因果と言った場合、まさしく通常の因果の逆で、未来の情報によって<u>のみ</u>過去の状態が決定されるということになるはずであるが、ここで見たように、交流解釈ではそうではなく、未来の情報（先行波）と同じだけ過去の情報（遅延波）も重要になる。すなわち、単純な因果ではなく、過去と未来に対称性があることが特徴である。

さきほどはくわしく論じなかったが、原因がつねに結果に先行しているというのはよく考えると不思議な気がする。というのも、物理学ではとくに過去と未来を区別しないからだ。プライスはこれを人間の心理的な非対称性、すなわち、私たちの「過去は固定していて未来は開いている」という信念に帰したのだが、これだとEPR実験で逆向き因果があるということが可能性としてのみありうるとされるだけであった。交流解釈では、原因と結果のどちらが時間的に先行するのかという問題がない。対称的なのである。

こう考えると、交流解釈はなかなかよさそうだが、残念ながら、大きな難点がある。ここまで説明してきたように、交流解釈はクライン－ゴルドン方程式に依存しているが、

クライン－ゴルドン方程式は、スピン0の粒子のみしか扱えない

のである。ざっくりイメージで言うと、スピンが0ということは、その粒子は回転（スピン）していないということである。しかし電子は「右回り」や「左回り」にスピンしているのでスピン0の粒子ではない。つまり、電子はクライン－ゴルドン方程式では扱えないのだ！

相対論的効果を考慮したときにスピンが0でない粒子を扱うには、ディラック方程式というものが用いられるが、これはシュレーディンガー方程式と同じで、$\frac{\partial}{\partial t}$しかあらわれず、$\frac{\partial^2}{\partial t^2}$は出てこないので、クライン－ゴルドン方程式のように二つの解がない。それゆえ、ディラック方程式では交流解釈は成り立たない。

そして、ディラック方程式はクライン－ゴルドン方程式も含むから、ディラック方程式のほうがより一般的な式である。それゆえ、ディラック方程式ではなく、クライン－ゴルドン方程式をあえて用いることの正当化がなされなければ、交流解釈も正当化されないだろう。

方程式は対称なのに現実は非対称

シュレーディンガー方程式にしてもクライン－ゴルドン方程式にしても、また、ディラック方程式にしても、時間に関して対称である。時間に関して対称であるというのは、過去から未来という方向で見ても、未来から過去という方向で見ても等しいということである。もうすこし言うと、ある時間方向で生じることが時間対称な方程式で保証されている現象は、その逆の時間方向でも生じるということである。

たとえば、ガラス玉でお手玉をしている様子をビデオに撮ったとしよう。これを再生すれば、それが正しい方向の再生なのか、逆向きの再生なのか区別がつかないだろう。これが時間に関して対称であるということである。一方、失敗してガラス玉を地面に落として割れてしまったシーンに関しては、これを逆向き再生すると不自然に映るだろう（割れたガラス片が一ヵ所に集まりガラス玉になる）。これはこの現象が時間的に非対称であるということを示している。

さて、いま挙げた方程式はいずれも、世界で生じる現象がすべて時間に関して対称であるはずだと述べているのだが、じっさいにはガラス玉が地面に落ちて割れるという現象のように時間的に非対称な現象が存在する。マクロな世界に関しては、マクロな物質が多くのミクロな物質から成り立っているということからこの非対称性が説明されるとされる。ちょっと難しい言いかたをすると、ミクロな物質の集団を統計的に扱うことによって説明される（くわしい話は、たとえば朝永振一郎著『物理学とは何だろうか』（岩波新書）の下巻を参照のこと）。

では、ミクロの世界はどうだろうか。たとえば、標準的な解釈によると、測定によって重ね合わせの状態が一つの状態へと収縮する。この過程はあきらかに非対称的である。

多世界解釈をとっても事情は同じで、未来に向かって世界は分かれていく一方なのであるから非対称的である。シュレーディンガー方程式（クライン－ゴルドン方程式でもディラック方程式でもよいのだが）をまともに受け取ると、このような時間的非対称性が見られることはおかしいのではないだろうか（方程式は時間対称だから）。このミクロ世界の非対称性は、マクロ世界の非対称性とちがって統計的な説明はできない（ミクロな物質はマクロな物質とちがって、なにかより小さなものの集団から成り立っているわけではないから――ただし、デコヒーレンス理論は環境との相互作用を考える理論だからそのような統計的な考えが有効である）。

量子力学を時間的に対称にする

ヤキール・アハラノフは、量子力学を時間に関して対称化した「二状態ベクトル形式」もしくは「時間対称化された量子力学」といわれる新しい形式を提唱した。

従来の量子力学では、ある時刻tにおけるある物理量の確率は、それより過去の時刻における状態のみから決定される。ところが、

時間対称化された量子力学では、過去における状態のみではなく、未来の状態も用いて確率を求める

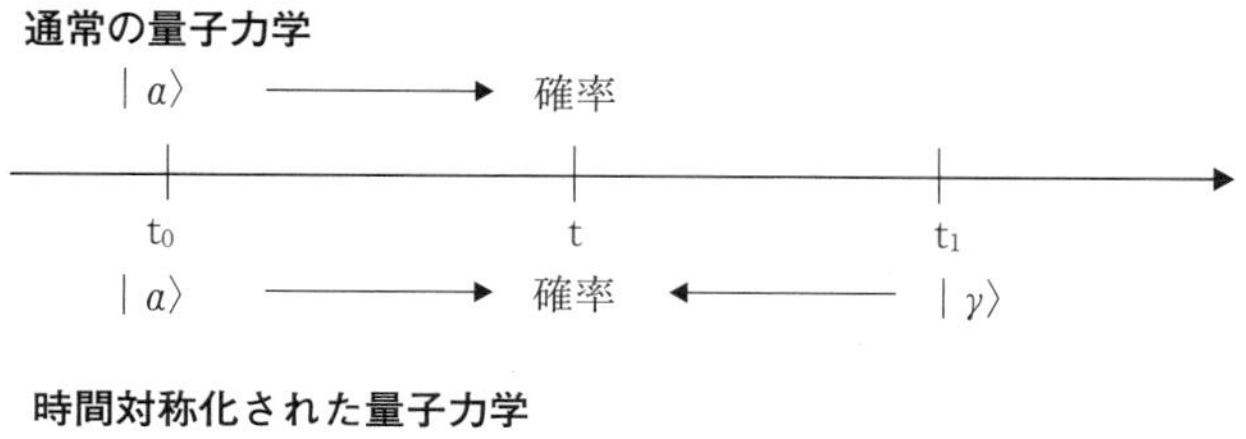

図7－4：通常の量子力学と時間対称化された量子力学の比較

のである（図7－4）。

しかし、これではそもそも実験的予測も通常の量子力学と時間対称化された量子力学で異なるのではないかと思われるかもしれないが、そうではない。

通常の量子力学での確率は時刻ｔで測定したときにどのような値が得られるかの確率であるが、時間対称化された量子力学で得られる確率は測定していない物理量の値である。

さて、このように、時間対称化された量子力学では、測定が行われていない（重ね合わせが壊れていない）時点での物理量について議論するのであるが、これでは理論的予測と経験的事実を比較することができない。そこで、アハラノフは「弱い測定」という概念も考え出した。

これまでの本書における議論からも推測されるように、現在では、メカニズムはどうあれ、測定器との相互作用が重ね合わせ状態を壊す原因であると考えられている（多世界解釈の場合は世界を分岐させてしまう原因）。そこで、測定器と測定される系との相互作用を極限まで弱くしてやることによって重ね合わせ状態を壊さないようにしてやろうというのが「弱い測定」である。

ただ、そうすると得られる値が非常に不明瞭なものになってしまう。すなわち、誤差が非常に大きくなってしまう。そこで同じ系をいくつも用意して、弱い測定で得られた多数の結果を統計的に処理して誤差を取り除いてやるわけである。

このとき、時間対称化された量子力学では未来の状態も重要になるので、右で述べたいくつも用意する「同じ系」とは、初期状態だけではなく、弱い測定をした後の状態も同じものを用意しなければならない。もちろん、あらかじめどれが同じ状態になるかはわからないので、たくさん用意した同じ初期状態の系にたいして弱い測定を行い、その後、通常の測定（これを「強い測定」と呼ぶ）を行って、そのなかで同じ状態が得られた系の弱い測定の値を集めて処理するのである（図7－5）。この、強い測定をした後に同じ状態の系を選ぶことを「事後選択」という。同じ初期状態の系を用意することは「事前選択」という。

非局所性をどのようにして避けるか

さて、ここまでの話からもわかるように、時間対称化された量子力学では、強い測定をしていないときでも（すくなくとも弱い測定時には）物理量は明確な値をもつと考えている。

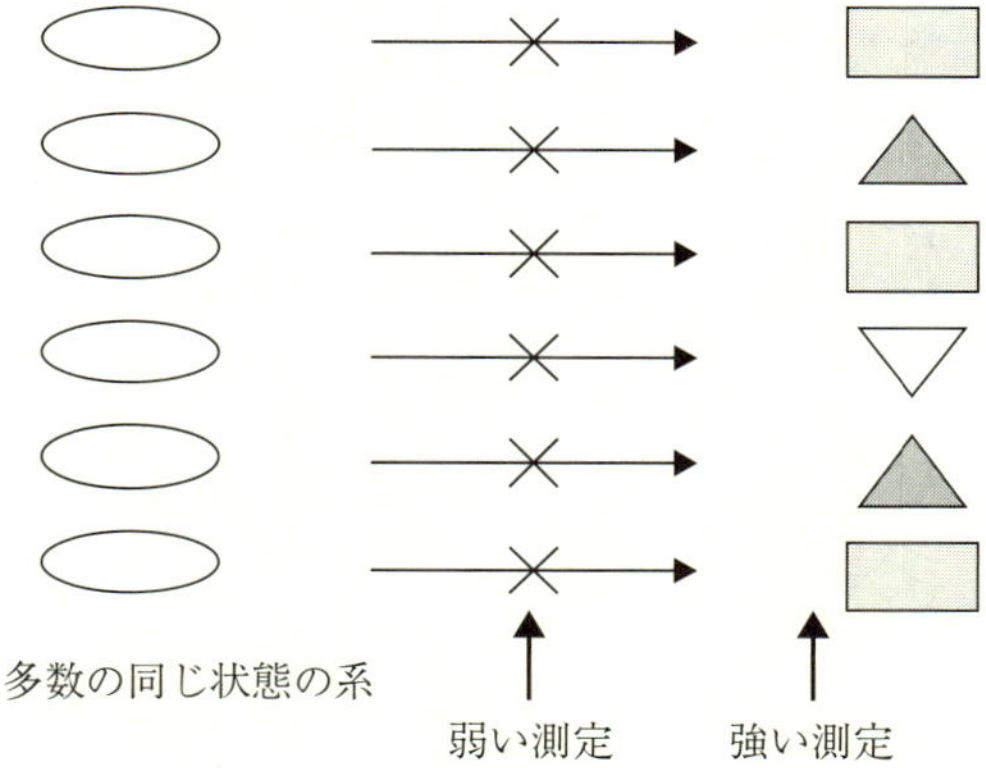

同じ状態の系をいくつも用意する（事前選択）。すべての系に対して弱い測定をする。その後強い測定をし、強い測定の結果、同じ最終状態になったものだけ選択し（事後選択）、それらの系で弱い測定をして得られた値を統計的に処理する。

図７－５：事後測定とは

そして、そのときの系の状態は、過去の状態だけではなく未来の状態にも依存している（ここから先は「解釈」の話になる）。

それゆえ、交流解釈と同様に、EPR実験においてベルの不等式を破っていても物理量の実在を認めることができる。

図7－1（一九六頁）をもう一度見てもらおう。時刻t_1において、電子Ⅰのz軸スピンを測定（強い測定）し、結果は右回りだったとしよう。このとき、標準的な解釈では、電子Ⅰのz軸スピンを測定した瞬間に電子Ⅱのz軸スピンが左回りとなるのだった（電子Ⅰのz軸スピンもこの瞬間に確定的な値をもつ）。

ところが、強い測定前の電子Ⅰのz軸スピンが右回りで、電子Ⅱのz軸スピンが左回りとなる確率を時間対称化された量子力学によって計算をすると1になる（じっさいの計算は強い測定が終わってからでないと行えないが）。

つまり、時間対称化された量子力学の観点からは、電子ⅠとⅡのz軸スピンは強い測定前から明確な値をもっているということになる。もちろん、電子Ⅰのz軸スピンが左回りで電子Ⅱのz軸スピンが右回りになっている確率も計算でき、どちらも0である。

しかし、スピンの値があらかじめ決定されていたら、ベルの不等式を破らないのではないか（アスペの実験結果に反するのではないか）。これに関しては、さきの交流解釈と同様で、過去の、まだスピンの測定を行っていない時点での情報だけではなく、測定を行った時点、すなわち未来からの情報もt（$t_0<t<t_1$を満たす任意の時刻）におけるスピンの値を決定するのに必要であることから避けることができる問題である。そういう意味で（未来においてどの物理量を測定するのかによって実在する物理量が決まるという意味で）、様相解釈の一種であると言えよう。じっさい確率を計算できるのは（それゆえ確率が1になる可能性があるのは）、未来において強い測定を行った物理量だけであるから、その物理量に関してしか実在を言えない。

交流解釈に比べると、スピンがあるかないかにも、相対論的効果を取り入れているかどうかにも依存しない点が優れている。

他の解釈の問題点

ここでこれまで本書で見てきた他の解釈の問題点について復習しておこう。まず、標準的な解釈の問題点は「状態の収縮」にあった。三章で述べたように、状態の収縮のメカニズムはすくなくとも既存の量子力学の枠内では説明できない。また、状態の収縮を認めるならば、物理量の非実在や非局所相関の問題が生じるのであった。一方、軌跡解釈は物理量（位置）の実在が保証されるが非局所相関の問題が残る。

では、多世界解釈はどうか。多世界解釈は一見、これらの問題点をクリアしているように見えるが、五章で見たようにいくつかの問題点があった。

まず、たとえば測定前にスピンが右回りと左回りの重ね合わせ状態にあるとき、それぞれが別の世界にあるとすることで実在性を守る。そしてそれぞれの世界が測定によって干渉性がなくなるとして、状態の収縮なしでじっさいの測定との整合性をとろうとした。スピンはもともと明確な値をもっていたのだから、非局所相関も避けることができる。

だが、じっさいには、もともとからいくつもの世界に分かれていると言っても、状態の分解の仕方には何通りもあるので、どの分解の仕方を選択するのかがわからないというのが問題なのであった。測定したときにマクロに区別できるような状態に分解するとして解決しようとしても、実験状況によっては、どの物理量を測定するのかも測定の瞬間まで決まっていない状況がありうる。

これにたいしてあらゆる物理量に関して、測定時にマクロに明確な状態と結びつくような世界にあらかじめ分かれていると考えると、コッヘン－スペッカーの定理に違反することになるだろう。それゆえ、二つ前の段落で書いたことは修正が必要である。測定までは複数の世界は存在せず、測定によってはじめて世界が分岐することになる。そうすると状態の収縮の問題はすくなくとも解けるが、実在の問題は残ったままということになるのだ。それでも、射影公理というシュレーディンガー方程式にない余分な仮定を導入しなくてよい分、標準的な解釈より優れているとされる。

時間対称化された量子力学と多世界解釈

一方で、時間対称化された量子力学では前記の問題をうまく避けることができているように思える。だが、それでもいくつかの問題点が残る。EPR問題は大丈夫そうだが、二重スリットやマッハ－ツェンダー干渉計の実験においても、実在は守られているだろうか。

たとえば、二重スリットの実験において、二つのスリットのうちどちらを光子が通ったかを時間対称化された量子力学によって計算すると、どちらも1／2ずつとなる（EPRのときは、確率1だったので実在性が守られたのだった）。マッハ－ツェンダー干渉計において、経路Ⅰと経路Ⅱのどちらを通るかという確率も同じである。もし、実在性を守りたいとすれば、これをいったいどのように解釈すればよいのだろうか。私は、多世界解釈と組み合わせることによってこの問題は解決できるのではないかと思う。

二重スリット実験において一方のスリットを光子が通った世界ともう一方のスリットを光子が通った世界は異なる。それが干渉してふたたび一つの世界になる、という解釈である。確率を計算して1以外の値が出てきたときは、このように解釈すればよい。1が出てくるような場合は、状態が重ね合わさっていないのでなにも問題はない。

そもそも、時間対称化された量子力学で1以外の値が出てくるのは、初期状態と最終状態が同じであるが、途中でとる状態が複数ある場合である。このことについては別稿で議論しているので参照してほしい(注28)。

そして、さきほど述べた多世界解釈の難点は、最終状態で複数の世界がふたたび一つになるような状況では生じない。実在に関しては「どの物理量を測定するのか」は「わかっている」わけだから、それに対応した世界に分かれていると考えればよい。また、非局所相関についても、そもそもEPR実験では、最終的にとりうる状態が複数ありえたから非局所相関が生じたのであるが、時間対称化された量子力学においては、最終的にとりうる状態が複数ある場合は、中間状態においてある状態が実現している可能性は1か0なのであり、それゆえ非局所相関の問題は生じない(測定した瞬間に物理量の値が決定するのではないから)。

このようにして、時間対称化された量子力学に多世界解釈を適用することで、状態の収縮、非局所相関、非実在性の問題は解けると考えられる。

従来の量子力学と時間対称化された量子力学

ただ、時間対称化された量子力学はその枠組み自体は量子力学のものを用いているわけであるが、過去の状態と未来の状態の両方を用いればそのあいだの状態を決定できるという通常の量子力学にない特徴をもつのだから、これを単純に「量子力学の新しい形式」と言えるのかどうかという問題がある。ただし、過去の状態と未来の状態からどのように確率を求めるのかという規則があるのだが、なぜそれで確率が出てくるのかは、ある程度は通常の量子力学から理解できないわけではない(注29)。さきほどはこの解釈を「様相解釈の一種」と述べたが、「未来の状態」を隠れた変数とする「隠れた変数理論の一種」とも言えるかもしれない。

ちなみに、軌跡解釈も単純な意味では量子力学の枠内に収まらないように思えるが、一方で、シュレーディンガー方程式から先導方程式が出てくるので、ある意味では自然な帰結であるともいえる。

もし、時間対称化された量子力学が、「量子力学の枠組みを用いているものの従来の量子力学とは異なるもの」であるならば、なんらかの経験的なちがいがないのだろうか。すでに述べたように、時間対称化された量子力学を用いて確率を計算すると、従来の量子力学ではあきらかに出てこない値が出てくる。しかし、このような従来の量子力学以上の予測は、測定をしていない時点での物理量の値についてなので、経験的に確かめることができないように思える。

それでも、すでに述べた「弱い測定」を行うことによって時間対称化された量子力学の予測を確かめることができる。時間対称化された量子力学によると、弱い測定をしたときに得られる値（これを「弱値」と言う、注30）を計算することもできるのだ。

一方で、それでかりに時間対称化された量子力学の予測は合っていたと言えたとしても、従来の量子力学を覆すものではないことに注意しよう。時間対称化された量子力学は、

従来の量子力学では言えないことを言っているが、従来の量子力学が言っていることについては異なる予測をするわけではない。

なぜなら、従来の量子力学は、t_1における強い測定とは無関係にt_0における情報のみでtにおいて測定した際にある物理量がある値をとる確率を予測するのであったが、時間対称化された量子力学でも、t_1の測定値によって系を選抜せずに（つまり事後選択を行わずに）すべての系のt_1における強い測定結果を用いて確率を計算すれば、従来の量子力学と同じ予測（つまり、t_0における情報のみで計算した予測）をすることになる。また、弱値について

も、やはり事後選択をせずにすべての系のt_1における強い測定結果を用いれば、従来の量子力学でいう「期待値」というものと一致することがわかっている。

ハーディのパラドクス

しかし、時間対称化された量子力学を用いて確率を計算したとき、−1という確率としてはありえない値が出てくる場合があることが知られている。もともと「三つの箱のパラドクス」という思考実験で指摘されたのだが、その後、「ハーディのパラドクス」という思考実験においても、これに時間対称化された量子力学を適用したとき−1という確率が出てくることがわかった。そして、大阪大学の横田一広と井元信之は二〇〇九年、これを思考実験ではなく、じっさいの実験として行うことに成功し、−1という確率が測定できることを確認した（注31）。

それではまずは、ハーディのパラドクスについて説明しよう。これは図7−6のようにマッハ−ツェンダー干渉計を二つ組み合わせたものである。

各マッハ−ツェンダー干渉計は、単体では、検知器D_IおよびD_{II}がある出口からは出てこないようになっている。つまり、ひとつひとつはこれまで出てきたマッハ−ツェンダー干渉計と同じである。

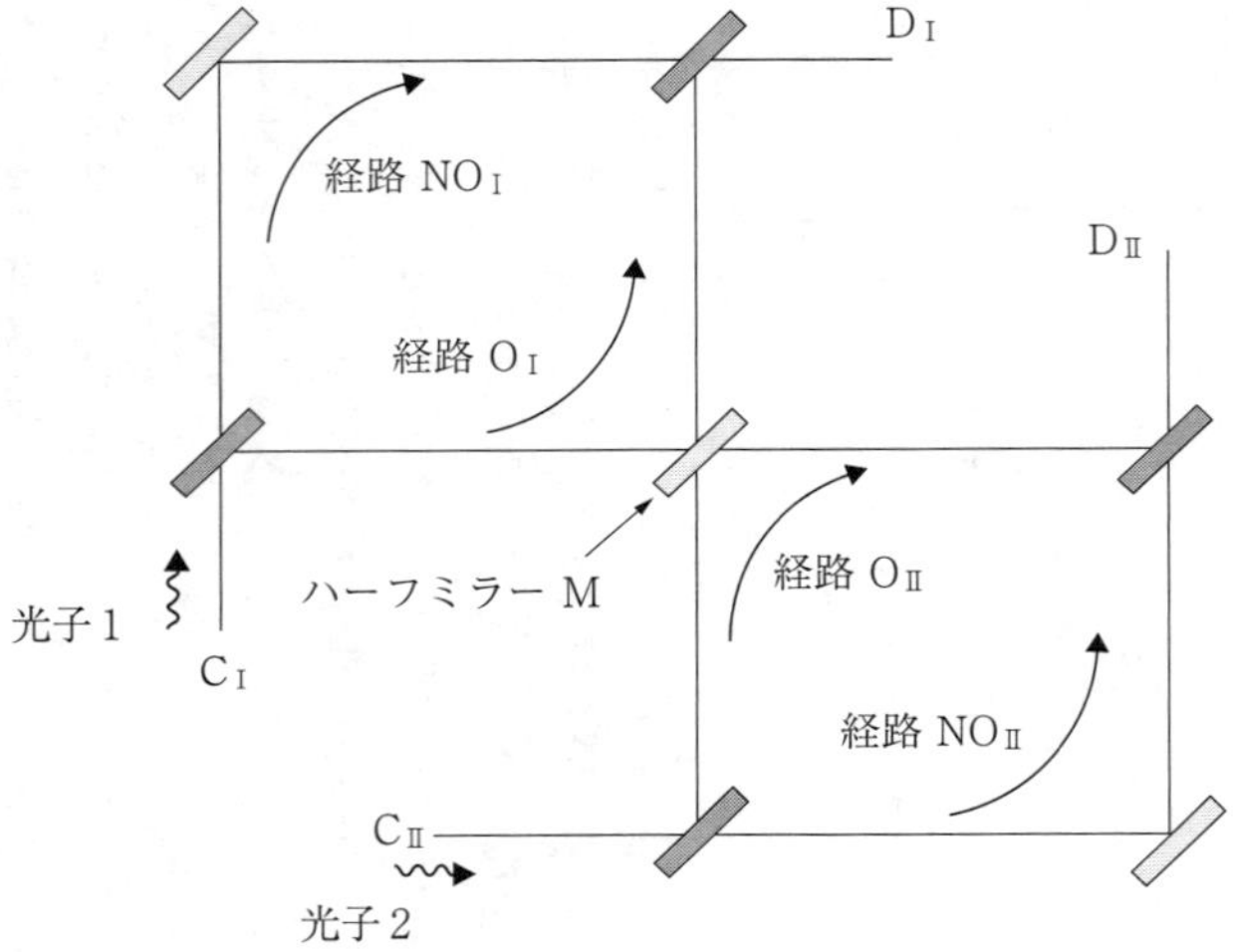

図7－6：ハーディのパラドクス

さらに、光子1と光子2を同時に干渉計に入れ、それらがどちらもハーフミラーMに到達したときは、干渉し合って打ち消し合うとする。つまり、二つの光子がそれぞれ経路O_{I}と経路O_{II}を通ったとき、それらは干渉計の出口まで到達せずに消滅してしまうということである。

さて、いま、光子1と光子2を同時に干渉計に入れると、それらがD_{I}とD_{II}から出てくる場合がある。このとき、干渉計のなかではいったいなにが起こっているのだろうか？

この実験の前提より、光子1が干渉をすれば（ここで言っているのは光子1と2の干渉ではなく光子1自身の干渉である）

D_Iからは出てこないはずであった。ということは、光子1の干渉が壊されたことがわかる。

では、なぜ壊されたのだろうか？　マッハ－ツェンダー干渉計において干渉が壊されるのはどのようなときだったかを思い出そう。そう、光子の経路が確定して光子が粒子として振る舞うときである。

では、この実験ではどういうときがそれにあたるかというと、光子2が経路O_{II}を通ったときである。このとき、光子1が消滅したならば光子1は経路O_Iを通ったということであるし、消滅しなかったならば光子1は経路NO_Iを通ったということである。つまり、光子1の経路が決定されてしまうのだ。だから、D_Iから光子が出てきたということは、光子1が消滅していないので経路NO_Iを通ったということである。

それゆえ、D_Iから光子が出てきたということから、光子2は経路O_{II}を通ったと推測できるわけである。同様にして、D_{II}から光子が出てきたということから光子1は経路O_Iを通ったということが推測できる。

……ってあれ？　これだと光子1と光子2がそれぞれ経路O_IとO_{II}を通ったことになるではないか！　でも、そうすると、前提よりこれらは干渉して消滅するのではなかったたっけ？　これが「ハーディのパラドクス」である。

マイナス1の確率

はてさて、ではじっさいのところ、この干渉計のなかではなにが起こっているのだろうか？　光子1と光子2が通る経路の組み合わせは四通りある。そこで、それぞれの組み合わせを通る確率を計算してみよう。つまり、「過去の状態」として「C_{I}とC_{II}から干渉計へ入った」という状態を使い、「未来の状態」として「D_{I}とD_{II}から出てきた」という状態を使い、確率を計算するのである。すると、

P_1：光子1が経路O_{I}を、光子2が経路O_{II}を通った確率⇒0
P_2：光子1が経路O_{I}を、光子2が経路NO_{II}を通った確率⇒1
P_3：光子1が経路NO_{I}を、光子2が経路O_{II}を通った確率⇒＝1
P_4：光子1が経路NO_{I}を、光子2が経路NO_{II}を通った確率⇒−1

となる。この結果から、光子が消滅するO_{I}とO_{II}を同時に通るという確率は0であることがわかる。

さらに、光子1がO_{I}を通るのはP_1とP_2のときだから、この二つの確率から光子1がO_{I}を

通る確率が導ける。すなわち、$P_1+P_2=1$となる。同様にして、光子1がNO_{I}を通る確率、光子2がO_{II}を通る確率、光子2がNO_{II}を通る確率というのもそれぞれ、

光子1がO_{I}を通る確率⇒1
光子2がO_{II}を通る確率⇒1
光子1がNO_{I}を通る確率⇒0
光子2がNO_{II}を通る確率⇒0

となる。不思議なことに、O_{I}とO_{II}を同時に通るという確率は0であったのに、光子1がO_{I}を通る確率は1（すなわち必ずO_{I}を通る）で、光子2がO_{II}を通る確率も1である（すなわち必ずO_{II}を通る）。つまり、必ずO_{I}とO_{II}を通ることになってしまう。さらに、O_{I}とNO_{II}、NO_{I}とO_{II}を通る確率はどちらも1であったのに、光子1がNO_{I}を通る確率は0で、光子2がNO_{II}を通る確率も0になってしまう。

さきほどの時間対称化された量子力学を使わずに直感的に図7－6の実験を行ったときにどうなるかを考え、パラドクスに導かれたときと同じことになっている。ある意味で、時間対称化された量子力学を用いることで、ハーディのパラドクスが説明されたと言って

もよいだろう。

このカラクリは、NO_{I}とNO_{II}を通る確率が−1という、確率ではありえない数値が出てきてしまっていることによる。しかし、このような確率としてはありえない数値が出てきてしまっているということはやはり、時間対称化された量子力学はまちがっていたということにならないだろうか？

しかし、すでに述べたように、最近、日本の実験グループが弱い測定を行い、時間対称化された量子力学の予測通りになることを確かめたのである。

最後に、時間対称化された量子力学の問題点を挙げておこう。そもそも、さきほど、確率が−1になることが確かめられたと言ったが、これを確率と言っていいのかどうか、その時点で問題がある。従来の量子力学が予測できる範囲内では、たしかに量子力学がいう確率と時間対称化された量子力学で導かれる「確率」は同じであるが、だからといって、時間対称化された量子力学で導かれるものが確率であるとは限らない。

だいたい、確率が−1ってどういうことなのだろうか？　アハラノフ自身は、このような数が出てくるのは、通常の光子と物理的性質が反対の光子が存在する確率が1であるということだと言う。これはいわゆる反粒子とはちがって、負のエネルギーや負の質量をもつ光子だというのである。一方、この実験を行った井元と横田は、ミクロの世界においては光子の数も揺らいでいるのだが、事後選択によってマイナスになってしまった部分だけを取り出してしまったのではないかという。

要するに、現時点では、弱い測定などの理論的・実験的研究に関わっている研究者たちも「時間対称化された量子力学」という新しい量子力学の「形式」を用いた研究はしても、その形式を「未来が現在に影響を及ぼすということだ」と哲学的に解釈することについては留保しているのである。

しかし、私は哲学者であるからそういったことにかかわりなく勝手なことを言うが、本章で述べてきたように、「過去の状態と同等に未来の状態が現在の状態に影響を与える」という解釈は、量子力学の哲学的問題の解決にとって有効であると思うし、また、量子力学を離れた時間や因果に関する哲学にも新しい光をあてることができるのではないかと期待をして、研究を進めている。

27　なにを一次性質としてなにを二次性質とするか（もしくはそんな区別が本当にあるのか）というのも難しい哲学的問題だが、ここではその議論は本質的でないので深入りしない。

28 『量子の謎：量子力学の哲学入門』（勁草書房）の第七章、近刊予定。
29 これについてもくわしくは前掲書第七章を参照してほしい。
30 正確には弱値の実数部分が弱い測定によって得られる値。
31 正確に言うと、射影演算子というものの弱値が−1になる。これとは別の確率を計算する規則（ＡＢＬ規則）もあり、それで計算するとこのような値は出てこない。それゆえ、そもそも射影演算子の弱値を確率とみなしていいのかという問題がある。数学的にも、−1などという値が出てくるものは確率とは認められない。

子力学の哲学に関連する項目を読んでみよう。Many-Worlds Interpretation of Quantum Mechanics、Bohmian Mechanics、Modal Interpretations of Quantum Mechanics、Everett's Relative-State Formulation of Quantum Mechanics、The Kochen-Specker Theorem、Bell's Theoremなどなどの項目がある。どれもそのトピックの専門家が書いた記事なので信用ができる。

○Jeffrey Bub、Interpreting the Quantum World、Cambridge UP
　これも英語。名著として名高いが、ちょいハードルは高いかもしれない。本書を読んで本格的に量子力学の哲学を勉強したい！　と思った人はぜひチャレンジしてください。冒頭で挙げた『量子の謎』を読んでからの方がよいだろう。

○ジョン・グリビン『シュレーディンガーの子猫たち』(シュプリンガー・フェアラーク東京)
正直に言ってそれほどよい本でもないのだが、クレイマーの「交流解釈」について説明している珍しい本である。

○フランコ・セレリ『量子力学論争』(共立出版)
古典的な名著とされているが、今となっては少し古いかも。

○ロジャー・ペンローズ『皇帝の新しい心』(みすず書房)
量子力学で心の謎を解こうという野心的な本で、出版当時は話題になった。一般向けの本だがちょっと難しい。かれが提案した重力による状態ベクトルの収縮メカニズムについての説明がある。

○マックス・ヤンマー『量子力学の哲学(上・下)』(紀伊國屋書店)
名著。少し古くなりつつあるが、量子力学の哲学的問題について網羅的に論じている。かなり歯ごたえがある。数学的知識がある程度必要。本格的に量子力学の哲学をやりたい人はチャレンジしよう。冒頭で挙げた『量子の謎』を読んでから読んだ方がよいかもしれない(もともと『量子の謎』はこういった本と、一般向けのやさしい本との橋渡しをする目的で執筆した)。

○マイケル・レッドヘッド『不完全性・非局所性・実在主義』(みすず書房)
これも名著として名高いが、やはりかなり歯ごたえがある。

○『世界の名著66　現代の科学II』(中央公論社)
量子力学初期の重要文献を集めた本。シュレーディンガーの「量子力学の現状」で本書でも紹介した「シュレーディンガーの猫」の思考実験がある。一般向けの論文なのでチャレンジしてみよう。

○新井朝雄『ヒルベルト空間と量子力学』(共立出版)
量子力学の哲学を真面目にやろうとすれば、ヒルベルト空間論というのを学ばなければならないのだが、そのための教科書。難しい。保江邦夫『ヒルベルト空間論』(日本評論社)というのもあるが、これは残念ながら絶版のようだ。

○Stanford Encyclopedia of Philosophy <http://plato.stanford.edu/>
英語が読める人は、ネットでStanford Encyclopedia of Philosophyの量

読書案内

本書を読んで量子力学の哲学に興味をもった読者は以下の文献も読んでみよう。

○東克明、白井仁人、森田邦久、渡部鉄兵『量子の謎：量子力学の哲学入門』(仮)(勁草書房)

近刊予定(2012年5月ごろ?)の、私も含めた日本の量子力学の哲学者四人で書いた量子力学の哲学の入門書。本書よりレベルは高めに設定してあり、より突っ込んだ議論があるが、入門書ではあるので、本書を読んで量子力学の哲学に興味をもった読者はぜひこの本にもチャレンジしてほしい。とくに、NO－GO定理や軌跡解釈、観測問題の話は私とはちがう(そして私よりずっとこれらの問題にくわしい)著者が書いているので、別側面からより深くこれらの問題を理解するのに役立つだろう。また、本書で取り上げなかった解釈「統計解釈」についても扱っているし、解釈問題以外の重要な量子力学の哲学的問題――不確定性関係や量子力学と古典力学の関係など――についても扱っている。ただ、この本を読む前にできれば量子力学の初歩的な教科書を読んでおいた方がよいだろう。

○コリン・ブルース『量子力学の解釈問題』(講談社ブルーバックス)

コリン・ブルースは多世界解釈の支持者だが、きちんと欠点も指摘している。冒頭のスクラッチカードのたとえ話が難しく、かえってここで挫折する読者も多いかもしれないが、難しいと思ったら飛ばしてもよいと思う。私もはじめはここで挫折してしばらく打っちゃっておいたのだが、その後、ちゃんと読むととてもよい本だということに気づいた。ちなみに、本書の「量子的スクラッチカード」はこの本のスクラッチカードのたとえ話からヒントを得て、もう少しわかりやすいものにした。もっとも、この本のスクラッチカードがややこしいことになっているのはちゃんと意味がある。ただ本書の議論においてはその辺りは無視しても差し支えないので簡単にした。

○デヴィッド・Z・アルバート『量子力学の基本原理』(日本評論社)

これもよい本である。本書でもアルバートの名前は出てきたが、多精神解釈の支持者である。しかし、他の解釈についても丁寧に解説している。本書執筆の際に大いに参考にさせてもらった。本書では状態ベクトルの係数をすべて無視してきたが、この本では、はじめの方でベクトルについて丁寧に説明し、係数についてもちゃんと考えている。「読みやすい」とは言いにくいかもしれないが、腰を据えて読むととてもよい本である。

索引

図版製作　さくら工芸社
本文イラスト　斉藤綾一

講談社現代新書　2122

量《りょう》子《し》力《りき》学《がく》の哲《てつ》学《がく》——非《ひ》実《じつ》在《ざい》性《せい》・非《ひ》局《きょく》所《しょ》性《せい》・粒《りゅう》子《し》と波《なみ》の二《に》重《じゅう》性《せい》

二〇一一年九月二〇日第一刷発行

著者　森《もり》田《た》邦《くに》久《ひさ》　

発行者　鈴木　哲

発行所　株式会社講談社

東京都文京区音羽二丁目一二―二一　郵便番号一一二―八〇〇一

電　話　出版部　〇三―五三九五―三五二一

販売部　〇三―五三九五―五八一七

業務部　〇三―五三九五―三六一五

装幀者　中島英樹

印刷所　凸版印刷株式会社

製本所　株式会社大進堂

定価はカバーに表示してあります　Printed in Japan

N.D.C. 401　238p　18cm

ISBN978-4-06-288122-7

「講談社現代新書」の刊行にあたって

教養は万人が身をもって養い創造すべきものであって、一部の専門家の占有物として、ただ一方的に人々の手もとに配布され伝達されうるものではありません。

しかし、不幸にしてわが国の現状では、教養の重要な養いとなるべき書物は、ほとんど講壇からの天下りや単なる解説に終始し、知識技術を真剣に希求する青少年・学生・一般民衆の根本的な疑問や興味は、けっして十分に答えられ、解きほぐされ、手引きされることがありません。万人の内奥から発した真正の教養への芽ばえが、こうして放置され、むなしく滅びさる運命にゆだねられているのです。

このことは、中・高校だけで教育をおわる人々の成長をはばんでいるだけでなく、大学に進んだり、インテリと目されたりする人々の精神力の健康さえもむしばみ、わが国の文化の実質をまことに脆弱なものにしています。単なる博識以上の根強い思索力・判断力、および確かな技術にささえられた教養を必要とする日本の将来にとって、これは真剣に憂慮されなければならない事態であるといわなければなりません。

わたしたちの「講談社現代新書」は、この事態の克服を意図して計画されたものです。これによってわたしたちは、講壇からの天下りでもなく、単なる解説書でもない、もっぱら万人の魂に生ずる初発的かつ根本的な問題をとらえ、掘り起こし、手引きし、しかも最新の知識への展望を万人に確立させる書物を、新しく世の中に送り出したいと念願しています。

わたしたちは、創業以来民衆を対象とする啓蒙の仕事に専心してきた講談社にとって、これこそもっともふさわしい課題であり、伝統ある出版社としての義務でもあると考えているのです。

一九六四年四月　野間省一